U0289947

小手机
大镜头

短视频运镜与剪映后期
从入门到精通

龙飞　编著

清华大学出版社
北　京

内 容 简 介

本书介绍了电影级的视频拍摄与后期处理技巧，帮助读者快速掌握拍摄与剪辑技术，拍出如电影般出色效果的短视频。本书共分为14章，内容包含：100个电影级视频拍摄技巧，介绍了构图、景别、角度、运镜等知识，以及如何拍摄角色进场镜头、退场镜头、对话和奔跑镜头、街拍镜头、转场镜头和特殊镜头；29个电影级视频后期处理技巧，介绍了剪辑技巧、调色技巧、特效技巧和片头片尾的制作技巧。此外，本书赠送112个效果与教学视频，读者可以边看边学！

本书适合对视频拍摄和后期剪辑感兴趣的读者学习，也适合从事影视拍摄、视频策划和自媒体运营工作的人员阅读。

图书在版编目 (CIP) 数据

小手机大镜头：短视频运镜与剪映后期从入门到精通 / 龙飞编著 . —北京：清华大学出版社，2023.6

ISBN 978-7-302-63598-7

Ⅰ . ①小…　Ⅱ . ①龙…　Ⅲ . ①视频制作　Ⅳ . ①TN948.4

中国国家版本馆 CIP 数据核字 (2023) 第 087395 号

责任编辑：李　磊
封面设计：杨　曦
版式设计：孔祥峰
责任校对：马遥遥
责任印制：曹婉颖

出版发行：清华大学出版社
　　　　　网　　　址：http://www.tup.com.cn，http://www.wqbook.com
　　　　　地　　　址：北京清华大学学研大厦A座　　　　　邮　　编：100084
　　　　　社　总　机：010-83470000　　　　　　　　　邮　　购：010-62786544
　　　　　投稿与读者服务：010-62776969，c-service@tup.tsinghua.edu.cn
　　　　　质　量　反　馈：010-62772015，zhiliang@tup.tsinghua.edu.cn
印 装 者：三河市天利华印刷装订有限公司
经　　销：全国新华书店
开　　本：170mm×240mm　　　印　　张：13.75　　　字　　数：294千字
版　　次：2023年6月第1版　　　印　　次：2023年6月第1次印刷
定　　价：88.00元

产品编号：096097-01

前　言

　　用手机拍视频是现在很多人日常生活中经常做的事情，拍得好看、拍出特色，甚至拍出能媲美电影效果的视频画面，是很多视频拍摄者所追求的目标。

　　拍出好视频的关键在于视频的内容与拍摄的技巧。关于内容，每个人身边都会发生各种新鲜、有趣的事情，我们可以以参与者、旁观者的身份将看到的、发生的事情拍摄下来呈现在视频中，这些内容是具有原创性质的。关于拍摄技巧，可以通过各种途径学习，而电影就是学习拍摄技巧的重要途径。

　　本书介绍了100个电影级视频拍摄技巧，从构图、景别、角度、运镜等方面展开，通过图文和实拍案例，为大家介绍拍摄技巧，帮助读者夯实基础，提升审美水平。书中还介绍了角色进场、退场、对话、奔跑、街拍，以及转场和特殊镜头的拍摄手法，让读者学会用手机或者借助手持稳定器、自拍杆等设备拍摄出电影级的视频画面，提升运镜拍摄水平。

　　本书还介绍了29个电影级视频的剪辑技巧、调色技巧、特效技巧和片头片尾的制作技巧，这些内容都是笔者精心挑选的，帮助读者在掌握剪辑技巧的同时，学精、学专，提升综合能力。

　　本书具有以下3个特色。

　　(1) 循序渐进，由易到难　本书共分为14章，涵盖的实战拍摄和后期技巧知识由易到难，初学者也可以轻松掌握这些知识，并快速进阶。

　　(2) 案例丰富，内容实用　本书含100个电影级视频拍摄技巧和29个电影级视频后期制作技巧，内容丰富且实用。

　　(3) 全程图解，视频教学　关于运镜拍摄和后期处理过程，书中以效果和演示图片的形式展现，方便读者理解和学习。此外，本书提供全部案例效果视频，以及后期剪辑教学视频，手把手教读者学习拍摄与剪辑技巧。

　　"纸上得来终觉浅，绝知此事要躬行。"希望大家在学习时，一定要多实践、多操作，这样才能快速提升。

　　编写本书时，笔者是基于当前各平台和软件截取的实际操作图片，但图书从编辑到出版需要一段时间，在这段时间里，软件界面与功能也许会有调整，如删除或增加了某些功能，这是软件开发商做的更新。阅读本书时，读者可根据书中介绍的思路，举一反三，进行学习。

为方便读者学习，本书提供了丰富的配套资源。读者可扫描下方二维码，获取全书的素材文件、案例效果、教学视频、PPT课件，以及赠送资源；也可直接扫描书中二维码，观看案例效果和教学视频，随时随地学习和演练，让学习更加轻松。

素材文件　　　　案例效果　　　　教学视频　　　　PPT 课件　　　　赠送资源

本书及附赠的资源文件中引用的图片、模板、音频及视频素材，版权均为所属公司、网站或个人所有，本书引用仅为说明(教学)之用，绝无侵权之意，特此声明。也请大家尊重本书编写团队拍摄的素材，不要用于其他商业用途。

本书由龙飞编著，参与编写的人员有邓陆英等，提供视频、图片素材和协助拍摄的人员有向小红、刘芳芳、黄建波等，在此表示感谢。

由于作者知识水平有限，书中难免有疏漏之处，恳请广大读者批评、指正。

龙　飞

2023年2月

目 录
C O N T E N T S

| 第3章 | 摄像机角度镜头 | 025 |

| 第4章 | 运动镜头 | 040 |

| 第5章 | 角色进场镜头 | 061 |

第 1 章

电影级构图

 本章要点

  构图是电影表达叙事的重要方式，有传递信息的作用，从审美的角度来说，构图在电影艺术上是最基本的美学单位。电影中的每一帧画面，都可以从取景、景深上引导画面结构，增强表现力。所以，在实际拍摄各种视频时，也需要在构图上安排好各个要素，突出焦点，让观众得到不一样的视觉体验。

001 关于帧幅与宽高比

不同的荧幕样式比例，会影响电影画面的构图，而电影帧幅与宽高比的变化也受到观影媒介的影响。所以，了解电影帧幅与宽高比的类型，可以更好地掌握各种构图方式。

帧幅，是指帧大小，也是宽高尺寸，一般是以像素为单位；片幅，也叫画幅，是胶片与感光元件(CMOS)的尺寸；宽高比，则是帧幅或片幅的宽与高的比。

比较常见的荧幕宽高比有4:3、1.85:1、16:9和2.39:1，如图1-1所示。在当代的影视作品中，最常用的比例主要是后面3种。

图 1-1 常见的电影宽高比

从电影宽高比的差距可以看出，不同比例的宽高比会影响电影画面整体的构图。比如，在电影画面原比例为16:9的基础上，宽高比4:3舍弃了左右两侧的画面，宽高比2.39:1则会裁切上下处的画面。所以，对于电影构图来说，不同的宽高比，需要调整相应的拍摄和构图方式。

002 了解画面坐标

构图从画面上看好像是平面的，可以用横坐标(X轴)和纵坐标(Y轴)来表示。然而，为了表现电影画面的深度，在构图上，需多加一个坐标，也就是第三坐标(Z轴)，如图1-2所示。这个第三坐标主要是为了表达画面的纵深感，可以通过突出Z轴来传递画面的纵深感，也可以弱化Z轴使画面变成平面的。

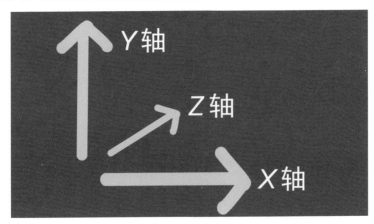

图 1-2 画面坐标

在大多数的电影构图中，都会通过强化Z轴来克服二维画面的平面感，让画面显得更加逼真、立体和深刻。所以，通过把控画面主体与周围环境画面的坐标关系，可以营造相应的距离感，让画面变得不那么单调，如图1-3所示。

图 1-3 强化Z轴突出纵深感

当然，也有相反的操作，为了让画面看起来比较平面，在构图上忽略或者弱化Z轴，如图1-4所示。这样的做法，是以开门见山的表现手法减少与观众的距离感，让观众更直接地接受画面中所传递的情感。

图1-4　弱化Z轴营造平面感

003　主体、陪体与环境

在学习电影构图时，最基础的方法是先了解画面组合部分。通常情况下，画面组合分为主体、陪体和环境3个部分。

1. 主体

"主体"是画面中的主要对象，也是画面的主要组成部分，是视觉中心与传递信息的主要内容，通常也是观众感悟的切入点。

主体可以是人，也可以是物，还可以是抽象的，如点、线、面等。

主体是构图的中心，画面内容围绕其展开。构图对于主体的主要处理方式是重点强调，突出主体，或者让其起到画龙点睛的作用，如图1-5所示。

图1-5　突出主体的构图

在实际的拍摄中，可能不仅仅只有一个主体，还存在有多个主体的情况，这时只要在构图上突出其画面占比，就不会给观众造成误导。

2. 陪体

"陪体",顾名思义就是作为陪衬的物体,主要用来陪衬主体,起到解释、说明和渲染等作用。

在类别上,陪体可以与主体相近,用来烘托主体,也可以是截然不同的物体,起着对比反衬的作用。

在构图上,可以直接采用主体周围的物体作为陪体,也可以人为加入一些道具作为陪体,让画面看起来更加和谐丰富,如图1-6所示。

图1-6 有陪体的画面

从图1-6中可以看出,前者以前景石头作为陪体,让画面整体看起来具有层次感;后者则是在构图上,人为加入一些蔬果作为主食的陪体,让画面变得不那么单调了。

3. 环境

环境是指主体周围的人、景和空间,是画面的重要组成部分。环境分为前景、中景和背景,主要起着强调主题和营造氛围的作用。

前景一般是以花草树木、建筑门窗为主,不仅可以调整影调,还可以构成框式构图,引导观众视线,如图1-7所示。

图1-7 前景构图

中景是介于前景与背景之间的位置,在构图上,一般选择有遮挡的前景和虚幻的背景来烘托,如图1-8所示。图中采用了前景为人群、中景为雪山、背景为云层和天空的构图结构。

背景是主体后面的景观，主要起着交代主体所处的位置、渲染气氛和烘托主题的作用，如图1-9是背景为花草地的构图结构。在构图上，选择不同的背景会赋予画面不同的意义。

图1-8　中景为雪山的构图　　　　　　图1-9　背景为花草地的构图

对于环境构图，也可以采用留白的方式进行创作，在画框中留下一大段空白景物，比如空旷的草地、天空或者大海，营造出一种"无声胜有形"的美感。

004　X形构图法

X形构图法是线条、主体按照X形布局设置，也是两条对角线相交的方式。这种构图方式的特点是透视感非常强，把视线从四周向中心位置引导，或者把物体从中心向四周放大。

在拍摄时，对于一些建筑、道路、桥梁等素材，也可以采用X形构图法，这种构图方式不仅可以产生强烈的运动感，还能打破视觉上的沉闷，如图1-10所示。

除了天然的X形设置之外，还可以人为摆放，把对象主体排列为X形的组合。在电影《布达佩斯大饭店》中，由索道构造的X形构图方式，使观众的视线聚集于交点处的主体上，如图1-11所示。

图1-10　道路X形构图法　　　　　　图1-11　电影X形构图法

005　S 形构图法

　　S形构图法在设计上就是一条曲线，呈S形从前景向中景和背景延伸，观众的视线会随着这条曲线不断展开。自然风光画面中蜿蜒的道路、小径或者弯曲的河流，人文场景中的人群队伍、路灯或者车灯轨迹采用的都是S形构图。

　　S形构图法的空间感和深度感非常强烈，画面生动，如图1-12所示。

图 1-12　S 形构图法

　　S形构图分为竖版和横版两种。竖版的S形可以表现场景的深远，横版的S形则表现场景的宽广。为了让构图更有美感，在构图设计上，S形构图还应重点把握线条与色调的整体和谐程度。

006　放射线构图法

　　放射线构图法主要是以主体为中心，向四周放射。在画面中，多以线条表示放射形式，因此在拍摄的时候，放射线构图法常用来拍摄云层或者树叶间隙透出来的光线，也可以用在拍摄灯光上，如图1-13所示。

图 1-13　放射线构图法

　　在构图的时候，需要把控发射中心的位置，向上发散或者向下发散，都会产生不一样的视觉效果。当然，还可以把发射中心放在三分线构图的交点上，让画面变得均衡一些。

在使用放射线构图法拍摄自然光线时，需要把控时间点，提前布局和做好准备，以捕捉那片刻的美景。

007 三角形构图法

三角形构图法是利用画面中的若干景物，按照三角形的结构进行构图拍摄，或者利用景物本身的三角形结构进行构图，如图1-14所示。除了构造成正三角形的结构外，还可以采用斜三角或者倒三角的形式构图。

图 1-14　三角形构图法

由于三角形是最稳定的结构，所以利用好这一构图方式，可以让画面和谐、均衡，充满空间感，并构造出独特的几何之美。

008 垂直线构图法

一般来说，垂直线构图法可以使画面在垂直方向上产生视觉上的延伸感，从上至下延伸，或者从下向上延伸，如图1-15所示。在选择构图场景时，可以用在拍摄高楼大厦和耸立的树木上，为观众呈现出一种简练美和形式美。

图 1-15 垂直线构图法

图1-15中除了包含垂直线构图法，还包含了水平线构图法，所以在实际的构图拍摄中，拍摄者可以不局限于单一的构图方式。

009 水平线构图法

水平线构图是视频拍摄中最常用的一种构图方式，非常适合用在横版视频中，如图1-16所示。在拍摄山河、平原、湖泊、建筑等场景时，水平线构图法可以展现出壮观和宏伟的气势。

图 1-16 水平线构图法

对于水平线的选择大多直接为地平线，可以产生一种空间感和层次感。在构图拍摄时，要尽量避免水平线的倾斜。当然，也可以刻意地倾斜水平线，以创造特别的美感。

010 斜线构图法

斜线构图法就是让景物主体呈对角线式分布，如图1-17所示。斜线式构图可以使画面的空间感和立体感更加强烈。

图 1-17　斜线构图法

在实际的构图拍摄中，把拍摄设备倾斜至一定的角度，就可以快速地进行斜线构图。当然，在构图的时候，对于倾斜角度的选择，可以尽量使主体处于对角线上，展示其延伸感。

斜线构图相比垂直线构图和水平线构图而言，能让画面具有新奇感和创意感。

011　三分线构图法

三分线构图是指将画面从横向或纵向分为三部分，在拍摄视频时，将对象或焦点放在三分线的某一位置上进行构图取景，让对象更加突出，画面更加美观，如图1-18所示。

图 1-18　三分线构图法

九宫格构图又叫井字形构图，是三分线构图的综合运用形式，指用横竖各两条直线将画面等分为9个空间。这种构图方法不仅可以让画面更加符合人眼的视觉习惯，而且能突出主体、均衡画面。

使用九宫格构图时，不仅可以将主体放在4个交叉点上，也可以将其放在9个空间格内，使主体非常自然地成为画面的视觉中心。在拍摄短视频时，拍摄者可以将手机的九宫格构图辅助线打开，以便更好地对画面中的主体元素进行定位或保持线条的水平。

如图1-19所示，将花朵安排在九宫格右上角的交叉点上，可以给画面留下大量的留白空间，体现出花朵的延伸感。

图 1-19　九宫格构图法

012　希式构图法

在《希区柯克与特吕弗对话录》一书中，有一段希区柯克关于构图的分享："画面中物体大小应与物体在所处故事中的重要性直接关联起来。"所以，当画面中有一个或者多个视觉元素时，可以重点放大或者突出某个元素，表示着重强调。

在电影《砂之女》中，从片头部分画面中可以看到，各种沙漠昆虫占据了画面中很大的比例，如图1-20所示，这些昆虫暗示了男主角的命运会像标本一样被困在一个地方。所以，当需要重点刻画或者强调某些线索时，多采用希式构图法。

图 1-20　电影《砂之女》剧照

013 180 度法则

180度法则是指在拍摄时，机位需要在固定轴线的一侧或者在轴线上，不能越轴，因为越轴会使观众在视觉上感到不适。因此，在部分对话场景中，180度法则是非常适用的。

在电影《西北偏北》中，男女主对话的镜头画面中就遵循了180度这一构图法则，机位始终在以男女主为轴线中心位置的一侧，如图1-21所示。

图 1-21 电影《西北偏北》剧照

如果不遵循这一法则，机位在轴线的两侧进行构图取景，那镜头里人物对话的方向就不能正确地组接，也会影响观众对剧情的理解，如图1-22所示。

图 1-22 机位在轴线两侧进行构图取景

014 纵深线索构图

在画面坐标那一节中，我们学习了通过强化Z轴来增强纵深感的方式。对于纵深线索构图，除了强化Z轴之外，还可以在构图上通过设计和突出前景创造出纵深感，让画面更加立体和富有空间感。

在电影《肖申克的救赎》中，以地洞为前景，利用地洞与人物之间的距离感营造出纵深感，从而传达剧情的反转，或者利用围栏，传递出囚犯与外界的间隔，营造出牢里牢外的反差，如图1-23所示。

图 1-23　电影《肖申克的救赎》剧照

除了以上两种方式，在镜头构图中，大部分的过肩镜头也可以增强纵深感。

015　对称构图

对称构图有左右对称，也有上下对称，还有围绕某个中心点展开的对称方式。对称构图会给人带来一种平衡、稳定与和谐的视觉感受。在电影《布达佩斯大饭店》中，各种建筑和场景的对称构图是其特色，如图1-24所示。

图 1-24　电影《布达佩斯大饭店》剧照

在实战拍摄中，找到所摄对象的对称轴或者对称中心，就能快速构造出对称画面。因此，对称构图也有呆板和缺少变化的缺点，所以在构图过程中不能千篇一律。

016　封闭式与开放式构图

封闭式构图是指不需要画框外的空间进行叙事，在构图中，所有的元素都已经包含在框架中了。图1-25为电影《金色池塘》的剧照，在这个晚餐场景中，主角配角都围绕餐桌进行对话和交流。

开放式构图则是没有包含主要的叙事信息，需要借助画框之外的空间来展开。图1-26为电影《异形》的剧照，画面中主角望向的方向是未知的可怕生物，也暗示着下一段故事和镜头即将展开。

图 1-25 电影《金色池塘》剧照

图 1-26 电影《异形》剧照

017 均衡构图与非均衡构图

在电影镜头场景设计中，图框中的每一个元素都有其视觉意义与占比，所以每个元素的位置、大小、色彩与亮度都会对镜头语言产生影响。当各个元素均衡地摆放在一起，就会产生均衡的构图画面；而当元素占比不均衡时，如集中在画面中的某个区域，或弱化了某个区域的元素，就会出现非均衡构图。

对于均衡构图而言，画面中的各个元素虽然不是按照精确数值组合布置的，但整体的比重是均匀和对称的，传递出整齐感、一致性和先决性。图1-27为电影《闪灵》的剧照，在影片中，大部分的场景画面都呈现了均衡的构图，营造出一种压迫感，以及强烈的诡异氛围。

与之相反的则是非均衡构图，常常用在强弱对抗、追逐的场景中，或者用来突出和强调某个部分。图1-28为电影《星球大战》的剧照，在非均衡构图下，画面摆脱了单调感，传递出重点信息，以及引出重点人物。

图 1-27 电影《闪灵》剧照

图 1-28 电影《星球大战》剧照

在非均衡构图中，有时根据三分线构图法来安排，把主体放在三分线上或者左、右上角，以此来缓解观众的视觉疲劳。

第 2 章

电影景别分类镜头

本章要点

　　景别是指在焦距一定时，由于摄像机与被摄对象之间的距离不同，会影响对象在显示器中所占范围的大小。在电影中，景别会影响观众对画面的理解，因此拍摄者可以利用好各种场面和镜头调度，交替使用不同的景别，让剧情得以顺利地表达，更好地处理人物关系，增强影片的感染力。

018 建立影片基调——大远景镜头

大远景镜头通常出现在电影的开始和结束位置，让观众产生进入电影情节或者慢慢远离画面的感受。

大远景镜头，通常是把摄像机放在离被摄对象很远的地方，重点拍摄人物周围的环境空间，对于人物本身而言，在画面中是不太会被看到的。

大远景镜头诞生于20世纪五六十年代的西部电影中，由于电影故事发生的背景在美国西部荒漠地区，所以对于场景的记录而言，使用大远景镜头可以拍出环境的广阔，并营造出一种淡淡的荒凉感，奠定影片的基调。图2-1为西部片《黄昏双镖客》和《黄金三镖客》中的大远景镜头。

图2-1 西部片中的大远景镜头

在当代电影中，大远景镜头通常用来展现场面的宏大，比如电影《八恶人》中的雪景镜头，如图2-2所示。

图2-2　电影《八恶人》中的大远景镜头

【实拍效果】在拍摄大远景镜头之前，需要找好机位，尽量与被摄对象保持相对较远的距离。比如，在拍摄风光画面的时候，就可以在风景的远处进行取景，实拍效果如图2-3所示。

案例效果

图2-3　大远景镜头实拍效果

【注意事项】大远景镜头常用于新场景定场中，除了能拍摄城市、海洋、沙漠等具体存在的景物外，还可以用来表现时间，比如白天、黑夜、四季等抽象场景。

019 兼顾场景角色——全远景镜头

全远景镜头用来重点表现人物所处的环境场景。相比大远景镜头，全远景镜头中人物角色在画面中是比较明显的，但镜头与被摄对象还是保持了一定的距离。

【**实拍效果**】为了让人物在画面中有清晰一点的身影，可以调整镜头的位置，一边调整一边拍摄，还可以开启广角模式，让镜头容纳更多画面，实拍效果如图2-4所示。

案例效果

图 2-4　全远景镜头实拍效果

【**注意事项**】如果场景足够大的话，全远景镜头也可以在室内拍摄。

020 重点展现环境——远景镜头

针对摄像机与被摄对象的距离而言，远景镜头又比全远景镜头更近一点，取景范围也会小一点。大远景镜头和全远景镜头都可以称为远景镜头。图2-5为电影《公民凯恩》中的远景镜头，重点展现整体环境。

图 2-5　电影《公民凯恩》中的远景镜头

【**实拍效果**】在拍摄远景镜头时，可以采用1倍焦距进行取景，让画面更加真实，也可以通过后移机位的方式，让画面容纳更多的环境，实拍效果如图2-6所示。

案例效果

图 2-6　远景镜头实拍效果

【注意事项】在拍摄远景镜头时，构图方式有多种选择，其中水平线构图是比较常用的构图方式。

021 展现角色全貌——全景镜头

全景镜头的拍摄距离被摄对象比较近，能够将人物角色的整个身体完全拍摄出来，包括性别、服装、表情、手部和脚部的肢体动作。图2-7为电影《公民凯恩》中的全景镜头，展现了角色的全貌。

图 2-7　电影《公民凯恩》中的全景镜头

在全景镜头中，部分细节相比远景镜头而言是比较清晰的，因此全景镜头在情节发展中具有重要的作用。在一些电视剧或者新闻类节目中，全景镜头常用在开场画面中。

【实拍效果】在进行全景构图的时候，拍摄者可以尽量靠近人物，让人物全身充满整个画面，使人物脚底的位置处于画框底部上下的位置，实拍效果如图2-8所示。

案例效果

图 2-8　全景镜头实拍效果

【注意事项】让人物处于画面中心的位置，可以快速构图拍摄。

022　用来过渡剧情——中景镜头

中景镜头用于拍摄场景局部的画面，拍摄人物时，底部画框刚好卡在人物膝盖上下的位置。在一些动作、对话和情绪交流的画面中，可以多使用中景镜头，用以过渡剧情。

【实拍效果】在展现角色的服装和造型上，中景镜头会比全景镜头更加清晰，所以在拍摄时，需要更靠近被摄对象，实拍效果如图2-9所示。

案例效果

图 2-9　中景镜头实拍效果

【注意事项】中景镜头不一定只以膝盖为分界线，只要画框最下方在人物腿部位置，都可看作是中景镜头。

023　适合角色对话——中近景镜头

中近景镜头是以人物腰部上下的位置为分界线进行取景拍摄，画面中可以清晰看到人物的脸部表情及上半身的动作，适合用在人物角色对话的场景中。图2-10为电影《公民凯恩》中的中近景镜头。

图 2-10　电影《公民凯恩》中的中近景镜头

【实拍效果】使用中近景镜头拍摄站立的人物时，要拍摄人物腰部以上的范围，尽量捕捉人物脸部的表情和上半身的动作，在构图上可以使人物处于画框中心的位置，实拍效果如图2-11所示。

案例效果

图 2-11　中近景镜头实拍效果

【注意事项】在拍摄中近景镜头的时候，画面中的人物是重点，因此可以把焦点定焦于人物身上，虚化背景。在多人对话的场景画面中，需要抓住一些有特点的人物作为素材，还需要保持画面的整体性。

024　展现角色神态——近景镜头

近景镜头是拍摄人物胸部以上的位置，或物体的局部画面。近景可以近距离展示人物角色的面部神态，以及一些小动作，所以在刻画人物性格、传递人物情绪的画面中，近景镜头是必不可少的。

【实拍效果】近景镜头对于角色的面部有一定的要求，为了让模特更加上镜，可以设计一些配饰，比如让人物戴墨镜，隐藏一些表情，给观众留下想象的空间，实拍效果如图2-12所示。

案例效果

图 2-12　近景镜头实拍效果

【注意事项】由于近景镜头中人物的面部非常清楚，部分缺陷也会显露出来，所以在造型和妆容上需要注意，也可以通过调整拍摄的角度，隐藏缺陷。

025　突出对象局部——特写镜头

特写镜头用于拍摄物体局部的具体画面，或者拍摄人物面部，画框的最下边卡在人物肩部上下的位置。图2-13为电影《公民凯恩》中的特写镜头，可以看到人物整个面部。

图 2-13　电影《公民凯恩》中的特写镜头

【实拍效果】在特写镜头中，被摄对象的面部或者局部一般是布满整个画面的，所以对于情绪表达来说，起着放大、强调和突出的作用，实拍效果如图2-14所示。

案例效果

图 2-14　特写镜头实拍效果

【注意事项】特写镜头会给观众强烈的冲击，留下深刻的印象，所以在影视中具有重要的戏剧含义，在一些突出和加重强调的画面中，特写镜头是必不可少的。为了让人物面部或者局部更接近观众，画面中的背景可以模糊甚至消失。

026 着重描述脸部——大特写镜头

大特写镜头的目的是让观众看清角色细微的动作及情绪变化，特别是面部表情。

【实拍效果】在拍摄大特写镜头的时候，要尽可能把一些会分散注意力的元素放在画框外，或者将其隐藏起来，重点把握人物眼睛部位的画面，实拍效果如图2-15所示。

案例效果

图2-15 大特写镜头实拍效果

【注意事项】在拍摄大特写镜头时，可以采用三分线构图法，让面部看起来更加和谐。不能用广角模式拍摄特写镜头，会使人物脸部变形。

027 刻画角色细节——极特写镜头

极特写镜头可以通过展示物体某个小细节或人物角色的某一细节，强化视觉传达效果，体现出该细节对叙事内容存在的重大意义，也可以作为抽象镜头来展现整体的戏剧基调和主题。图2-16为电影《惊魂记》中的极特写镜头，从主角惊叫的嘴巴与绝望的眼睛里，传递了恐惧与痛苦的情感。

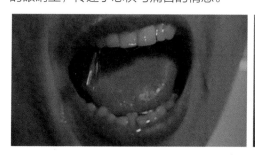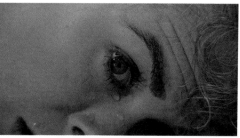

图2-16 电影《惊魂记》中的极特写镜头

【**实拍效果**】在拍摄极特写镜头的时候，需要先判断人物的情绪，如果是快乐的情绪，微笑的嘴巴就可以作为拍摄对象进行极特写取景，让观众迅速接收画面情绪，实拍效果如图2-17所示。

案例效果

图 2-17　极特写镜头实拍效果

【**注意事项**】拍摄极特写镜头时，除了把镜头尽量靠近被摄对象之外，还可以利用变焦进行取景，放大焦段，获取想要的画面。

第3章
摄像机角度镜头

本章要点

　　在拍摄一个具体对象的时候，我们可以根据画面需要，拍摄其正面、背面或者侧面，展示被摄对象不同角度的样子。这些灵活多变的角度镜头，也是电影区别于其他艺术形式的一个重要特征。不同的角度镜头可以赋予被摄对象不同或相反的感情色彩，甚至产生独特的造型效果。

028 真实直接的角度——正面镜头

正面镜头是摄像机在被摄对象正面拍摄的角度镜头，从正面拍摄，可以直接展示人物的面部、动作和突出的特征，展现物体外部最主要的状态。

图3-1为电影《教父》中的正面镜头，左图中的人物直面镜头，可以让观众直观地感受人物的神态，犹如正与之进行交流；右图中露出人物全身的正面状态，人物与环境融合在一起，带动观众进入剧情。

图 3-1　电影《教父》中的正面镜头

用正面镜头拍摄建筑时，还能突出建筑的宏伟和对称美。所以，正面镜头会给观众比较庄严、正式的感觉。同样，正面镜头也适合用在排列展示和对比画面中，形象地介绍每个被摄对象。

【实拍效果】正面镜头可以使人物形象变得端正稳重，但容易显得枯燥，所以拍摄时，可以让被拍摄者把脸或者眼睛从正对着镜头的角度移开，实拍效果如图3-2所示。

案例效果

图 3-2　正面镜头实拍效果

【注意事项】在拍摄正面镜头的时候，可以结合景别分类镜头，获取最佳大小的人物正面形象。比如，需要全身形象的正面镜头时，就采用全景景别。

029 展现角色的轮廓——侧面镜头

侧面镜头是摄像机在被摄对象侧面拍摄的角度镜头，可以展现被摄对象的轮廓和部分正面形象，这个角度的镜头能让影像变得活泼和富有变化，同时具有动感和方向性。

　　图3-3为电影《迷魂记》中的侧面镜头，在需要隐匿人物身份和传递人物压抑情感的剧情中，侧面镜头就成为一个不错的选择，因为人物只展示了侧脸，所以显得很神秘，可以带动观众逐渐进入故事情节和认知角色的过程中。

图 3-3　电影《迷魂记》中的侧面镜头

　　除了单个的侧面镜头，还可以对多个角色进行双重侧拍或者一侧一正拍摄，营造冲突对立感或者实现情感融合。

　　【实拍效果】拍摄侧面镜头可以尽量以拍摄人物的轮廓为主，找寻人物最美的一侧，进行顺光或逆光拍摄，让镜头更有画面感，实拍效果如图3-4所示。

案例效果

图 3-4　侧面镜头实拍效果

　　【注意事项】侧面镜头根据角度的不同，分为正侧面镜头、斜侧面和反侧面镜头。

030　消除呆板的画面——斜侧镜头

　　斜侧镜头是摄像机在被摄对象正侧面拍摄的角度镜头，处于正面角度与侧面角度之间的角度，不仅可以表现被摄对象的正面特征，还可以展示侧面的部分形象状态。

　　图3-5为电影《雷诺阿》中的斜侧镜头，与单纯的正面镜头或者侧面镜头相比，斜侧镜头可以让人物变得立体起来，展现人物的面部和身体轮廓，消除画面的呆板状

态，让整体氛围变得活泼和多变。

图 3-5 电影《雷诺阿》中的斜侧镜头

除了拍摄人像，在拍摄物体时，也可以使用斜侧镜头，有利于突出物体的局部，让物体更加立体，形成大小对比和透视感。

【实拍效果】用斜侧镜头拍摄人像，一是可以显瘦，二是可以让拍出来的人物效果更立体。斜侧镜头不像正面镜头那么严肃，所以非常适合用于拍摄人像，实拍效果如图3-6所示。

案例效果

图 3-6 斜侧镜头实拍效果

【注意事项】斜侧镜头也可以与对角线构图结合起来使用，强化Z轴，突出纵深感，让画面更具美感。

031 具有反常的效果——反侧镜头

反侧镜头是摄像机在被摄对象背侧面拍摄的角度镜头，处于背面角度与侧面角度之间的角度，不仅可以表现被摄对象背面的特征，还可以展示侧面的部分形象状态。反侧镜头虽不常用，但它不仅具有斜侧镜头的一些特点，还具有反常效果。

图3-7为电影《触不到的恋人》中的反侧镜头，与常用的正面和侧面镜头相比，反侧镜头更能为电影画面和故事表达注入动力，也能让人物角色更加饱满。

图 3-7　电影《触不到的恋人》中的反侧镜头

在拍摄反侧镜头时，需要注意光线和构图，让人物融入环境中，增强叙事效果。

【实拍效果】反侧镜头具有显瘦和增强画面层次感的作用。在拍摄时，需要在人物的背面进行取景，实拍效果如图3-8所示。

案例效果

图 3-8　反侧镜头实拍效果

【注意事项】反侧镜头对于塑造人物形象有一定的作用，但并不是所有的对象都适合反侧镜头，需要选择适合的对象。

032　保持角色神秘感——背面镜头

背面镜头是摄像机在被摄对象背面拍摄的角度镜头，适合用在一些隐藏身份的画面中，以及部分开场和谢幕场景中。

图3-9为电影《海上钢琴师》中的背面镜头，在画面中看不到角色的正脸，只留下一个背影，这样不仅使角色具有神秘感，还可以营造相应的情绪和氛围。

图 3-9　电影《海上钢琴师》中的背面镜头

【实拍效果】背面镜头可以与近景镜头或特写镜头相结合，直接拍摄人物的背面，还可以从人物的背面向前延伸拍摄前面的人，以及通过拍摄人物背面角度模仿人物视觉，实拍效果如图3-10所示。

案例效果

图 3-10　背面镜头实拍效果

033　客观的观察视角——平拍镜头

　　平拍镜头是指摄像机或者手机与被摄对象处于同一水平线上，以平视的角度拍摄的镜头。平拍镜头比较接近人们观察事物的视觉习惯，画面中的大部分事物都比较客观，而且与现实中的样子不会有太大的差距。

图3-11为纪录片《地球脉动》中的平拍镜头，画面的视觉水平线与动物差不多一样高，向观众展示动物们最客观的状态。

图3-11　纪录片《地球脉动》中的平拍镜头

平拍镜头虽然给人平易近人的感觉，但是如果一部电影或者一段视频长时间都是这个角度的镜头，会让观众觉得画面比较平庸，没有层次感和透视感。

【实拍效果】用平拍镜头拍摄人物的时候，拍摄者可以让手机的位置与人物的视线位置相平行，这样能够全程记录人物最真实的样子，实拍效果如图3-12所示。

案例效果

图3-12　平拍镜头实拍效果

【注意事项】平拍镜头是以被摄对象的视线为参考线，镜头与被摄对象之间的水平线只要相对平行即可。

034　突出环境重要性——俯拍镜头

俯拍镜头就是从上往下拍摄，在普通的地面水平线上可以举高摄像机，或者利用地形上的高度差进行俯拍取景，展现所拍摄的环境。如果要拍摄的场景非常广阔，还可以利用飞机或者无人机进行高空俯拍取景。

图3-13为电影《现代启示录》中的俯拍镜头，各种壮观的大场景都能在画面中一览无遗。

图3-13　电影《现代启示录》中的俯拍镜头

【实拍效果】为了拍出俯视视角，拍摄者可以在离地面有一定高度的位置进行取景，展示不一样的拍摄视角和人物周围的环境，实拍效果如图3-14所示。

案例效果

图3-14　俯拍镜头实拍效果

035 增加角色存在感——仰拍镜头

仰拍镜头是将摄像机放在被摄对象视线的下方进行拍摄，让被摄对象看起来更加高大。

图3-15为电影《2001太空漫游》中的仰拍镜头，这种镜头将被摄对象提升了一定

的高度，在视觉上充满压迫感。在很多塑造英雄形象的影视作品中，会用到仰拍镜头展现人物的气势。

图 3-15　电影《2001 太空漫游》中的仰拍镜头

【实拍效果】仰拍镜头根据仰视角度的不同，会产生不同的效果，如果想要人物看起来更有存在感，增加仰拍角度是一个不错的选择，实拍效果如图3-16所示。

案例效果

图 3-16　仰拍镜头实拍效果

036　画面失去平衡感——斜角镜头

斜角镜头是一种带有倾斜角度的镜头，斜角镜头也叫"荷兰式倾斜镜头"，这种镜头下的画面是失衡的，能够营造紧张、不安和疯狂的气氛。

斜角镜头在电影中运用得比较多，这个镜头的亮点在于可以使一个无聊的画面变得生动和有趣起来。图3-17为电影《第三人》中的斜角镜头，各种倾斜的人像和街道画面，表现了战后的维也纳已经变成一个扭曲的世界。

图3-17 电影《第三人》中的斜角镜头

在拍摄斜角镜头的时候，可以利用场景或物体本身的不平衡和扭曲进行构图，或者通过倾斜摄像机的镜头以达到一定的倾斜角度。

【实拍效果】在斜角镜头的画面里，水平线是倾斜的，不同于常见的角度镜头，增加了画面的不确定性，也可以使整体构图变得特别起来，实拍效果如图3-18所示。

案例效果

图3-18 斜角镜头实拍效果

【注意事项】虽然斜角镜头看起来很特殊，但是也不能滥用，如果一部电影全程都采用斜角镜头，将会使观众感觉混乱。

037 独特的蚂蚁视角——贴地镜头

贴地镜头也叫低角度镜头，就像蚂蚁观察世界一般，所以也称为"蚂蚁视角"。相较于水平线角度，低角度镜头更具有视觉冲击力。

图3-19为电影《杀死比尔》中的贴地镜头，各种脚步特写和贴地仰拍，不仅能隐藏角色和模仿人物视角，还能让剧情充满紧张和刺激感。

图 3-19　电影《杀死比尔》中的贴地镜头

【实拍效果】在实际的低角度拍摄中，拍摄者可以把拍摄设备固定在地上进行取景，或者弯腰下蹲拍摄，可以采用仰拍方式塑造人物高大形象，也可以采用平拍方式，隐藏人物面部，实拍效果如图3-20所示。

案例效果

图 3-20　贴地镜头实拍效果

038　亲密观察的视角——过肩镜头

过肩镜头也叫拉背镜头，一般是隔着一个人物的肩膀拍摄另一个人物或景物。过肩镜头的距离大多是在中景到特写之间。

图3-21为电影《毕业生》中的过肩镜头，在人物进行对话的时候，利用人物的肩膀为前景，突出另一个拍摄对象，或者是利用肩膀挡住一些画面，让观众产生一种窥

探的感受。

图 3-21　电影《毕业生》中的过肩镜头

　　【实拍效果】过肩镜头是一种具有亲和力的镜头，在传递情绪的时候使用这种镜头，会让观众有代入感，更容易理解剧情，同时营造相应的氛围，实拍效果如图3-22所示。

案例效果

图 3-22　过肩镜头实拍效果

039　有极强的表现力——鸟瞰镜头

　　鸟瞰镜头是俯拍镜头中的一种，但是俯视的角度更大，几乎以垂直的高度进行俯拍，就好像高空中的鸟类在观察世界。

　　图3-23为电影《碟中谍4》中的鸟瞰镜头，在这一视角下的主角攀爬在高楼中，画面充满刺激感，主角的一举一动，都让人屏住呼吸，高度紧张。在一些自然纪录片中，鸟瞰镜头应用得非常普遍，图3-24为纪录片《人类星球》中的鸟瞰镜头，展现广阔的草原景观，刻画人与自然之美。在太空类主题的电影中，也常会使用鸟瞰镜头拍摄星球宇宙，画面极具震撼力。

图 3-23　电影《碟中谍 4》中的鸟瞰镜头　　图 3-24　纪录片《人类星球》中的鸟瞰镜头

　　【实拍效果】要拍出鸟瞰镜头，最关键的是机位，选择足够高的位置，如可以在高楼建筑中进行取景，尽量垂直俯拍，就能拍出理想的画面，实拍效果如图3-25所示。

案例效果

图 3-25　鸟瞰镜头实拍效果

　　【注意事项】鸟瞰镜头具有第三人称的代入感，所以在一些第一人称主观视角的画面中需要谨慎使用，否则会打乱叙事，造成剧情凌乱。

040　拉长变形的效果——广角镜头

　　广角镜头是一种比全景镜头的视觉角度更为广阔的镜头，一般相同焦距的镜头，画幅越大，视觉就越广。广角镜头相比标准镜头，画面边缘会被拉长，因此会产生畸变的效果，这也是广角镜头的独特风格。

　　图3-26为电影《荒野猎人》中的广角镜头，画面中容纳了更多的人物周边环境。

广角镜头下的画面并不是肉眼所能观察到的，因此会有种脱离现实的感觉。

图 3-26 电影《荒野猎人》中的广角镜头

【实拍效果】广角镜头具有强烈的透视感，在取景的时候，可以选择空旷的地点，实拍效果如图3-27所示。

案例效果

图 3-27 广角镜头实拍效果

041 简化背景突出对象——长焦镜头

长焦镜头也叫望远镜头、窄角镜头，长焦镜头的视觉角度一般小于40°，具有景深小和取景范围小的特点，就好像用望远镜观察世界一般。

在电影拍摄中，长焦镜头适合用在拍摄人像上，尤其是用来表现人物的面部特写。图3-28为电影《呼喊与细语》中的长焦镜头，画面背景十分简洁，把人像面部及一些细节最大化地表现了出来。

图 3-28　电影《呼喊与细语》中的长焦镜头

　　长焦镜头还可以拉近画面与观众的距离，提升观众的参与感。在一些展示局部特写的镜头中，只有长焦镜头才可以揭示和放大不易察觉的细节。

　　【实拍效果】由于被摄人物与镜头距离上百米，所以空间距离有一些远，采用长焦镜头拍摄可以规避周围环境杂乱的问题，只拍摄到背景简洁的人物画面，实拍效果如图3-29所示。

案例效果

图 3-29　长焦镜头实拍效果

　　【注意事项】长焦镜头的缺点是可能会因压缩画面而影响画质，如果要拍摄出理想的长焦镜头，则需要稳定好设备并准确对焦。

第 4 章

运动镜头

　　运动镜头简称运镜，拍摄视频时，在一些分镜头中采用一些简单的运镜，不仅有助于强调环境、刻画人物和营造相应的气氛，而且对视频的质量也起到一定的提升作用。本章将为大家介绍9种简单实用的运动镜头，帮助大家打好运镜拍摄的基础。

042　塑造重点形象——推镜头

【影视画面】电影《阿甘正传》中，在开场部分采用了推镜头，逐渐展现影片中的重点人物形象，如图4-1所示。

图 4-1　电影《阿甘正传》中的推镜头

【实拍效果】推镜头是指被摄对象的位置不变，镜头从全景或别的景别，由远及近地推近被摄对象，景别范围逐渐缩小，实拍效果如图4-2所示。

案例效果

图 4-2　推镜头实拍效果

【运镜拆解】下面对推镜头运镜拍摄过程做详细介绍。

步骤 01 人物位置不变，镜头从远处拍摄模特的背面，如图 4-3 所示。

步骤 02 镜头向人物推近，让人物处于画面中心，如图 4-4 所示。

图 4-3　拍摄模特的背面

图 4-4　镜头向人物推近

步骤 03 ▶ 在镜头推向人物的时候，人物可以慢慢转身，如图 4-5 所示。

步骤 04 ▶ 镜头推近到一定的距离之后，展现具体的人物形象，如图 4-6 所示。

图 4-5　人物慢慢转身

图 4-6　镜头推到一定的距离

043　展现主体环境——拉镜头

【影视画面】同样在《阿甘正传》里，电影的结束镜头采用了拉镜头的处理方式，由地上的一片羽毛逐渐拉远，展现主体所处的环境，如图4-7所示。

图 4-7　电影《阿甘正传》中的拉镜头

【实拍效果】拉镜头是指人物的位置不变，镜头逐渐远离拍摄对象，在远离的过程中使观众产生宽广舒展的感觉，让场景更具有张力，实拍效果如图4-8所示。

案例效果

图 4-8　拉镜头实拍效果

【运镜拆解】下面对拉镜头运镜拍摄过程做详细介绍。

步骤 01　人物位置不变，镜头拍摄人物前方的风景，如图 4-9 所示。

步骤 02　镜头从人物的右侧位置向后拉远，如图 4-10 所示。

图 4-9　镜头拍摄人物前方的风景

图 4-10　镜头从右侧后拉

步骤 03 ▶ 镜头在后拉的时候，保持匀速，如图 4-11 所示。

步骤 04 ▶ 镜头后拉至一定的距离，展现人物主体与环境，如图 4-12 所示。

图 4-11　镜头匀速后拉

图 4-12　镜头后拉至一定的距离

044　连续交代关系——跟镜头

跟镜头是摄像机跟随被摄对象进行拍摄，也叫跟摄。跟镜头符合观众观察他人的视觉习惯，因此也具有纪实意义和客观性。

【影视画面】在电影《低俗小说》里，有一段人物穿越街区回家取手表的剧情，为了传递出隐秘和紧张刺激的感觉，导演采用了背面跟摄的方式，连续且详尽地交代环境和人物的运动方向及速度，如图4-13所示。

图 4-13　电影《低俗小说》中的跟镜头

【实拍效果】拍摄跟镜头时，拍摄者跟摄人物，形成相对静止的状态，实拍效果如图4-14所示。

案例效果

图 4-14　跟镜头实拍效果

【运镜拆解】下面对跟镜头运镜拍摄过程做详细介绍。

步骤 01　在人物前行的时候，镜头在人物的背面拍摄，如图 4-15 所示。

步骤 02　人物前行，拍摄者跟随人物前行，如图 4-16 所示。

图 4-15　镜头在人物的背面拍摄

图 4-16　拍摄者跟随人物前行

步骤 03 在跟摄的时候，拍摄者可以调整画面构图，如图 4-17 所示。

步骤 04 拍摄者跟随人物一段距离之后结束拍摄，如图 4-18 所示。

图 4-17　拍摄者调整画面构图

图 4-18　跟随一段距离结束拍摄

045 流动感的画面——移镜头

移镜头是摄像机在水平方向按照一定轨迹进行运动拍摄，所以画面富有流动感，并且会让观众产生身临其境的感觉。移镜头在移动的过程中，会不断有新的信息加入画面中，使观众产生好奇心理，因此在场景调度的处理上，也需要注重起幅与落幅的戏剧关系，在画面切入点和结束的位置重点投入。

【影视画面】在电影《好家伙》的一场聚会戏中，运用了一段长长的平移镜头，表现聚会中的各类人物形象，镜头在平移的过程中，连续改变焦点，并捕捉了各种动作和细节，动态展示出人物关系和心理活动，如图4-19所示。

图 4-19　电影《好家伙》中的移镜头

【实拍效果】拍摄移镜头时，被摄主体最好位置不变，这样画面才会具有动感，实拍效果如图4-20所示。除了步行移镜之外，还可以利用滑轨安装拍摄设备来进行移镜。

案例效果

图 4-20　移镜头实拍效果

【运镜拆解】下面对移镜头运镜拍摄过程做详细介绍。

步骤 01 现场有两个石凳，人物坐在右边的石凳上，镜头拍摄左边的空石凳，如图 4-21 所示。

步骤 02 人物坐着不动，镜头从左往右移动，如图 4-22 所示。

图 4-21　镜头拍摄左边的空石凳　　　　　　　　图 4-22　镜头从左往右移动

步骤 **03** 拍摄者在移动的过程中，保持画面高度一致，如图 4-23 所示。

步骤 **04** 镜头右移至人物出现在画面右侧，如图 4-24 所示。

图 4-23　保持画面高度一致　　　　　　　　图 4-24　镜头右移至人物出现在画面右侧

046　扩大视野空间——摇镜头

摇镜头是指摄像机机位不位移，而是利用三脚架、云台，让机身进行上下左右的运动。摇镜头根据拍摄对象不同，分为环境空间摇摄和人物摇摄。

【影视画面】在电影《黑客帝国》中，使用了环境空间摇摄方法，以向下摇镜的方式，展示了锡安城的广阔，如图4-25所示。

图 4-25　电影《黑客帝国》中的摇镜头

【实拍效果】摇镜头可以代入主观视点对环境进行观察，借此交代人物所处的环境空间，实拍效果如图4-26所示。在一些人物对话场景中，会用到左右摇镜的方式。

案例效果

图 4-26　摇镜头实拍效果

【运镜拆解】下面对摇镜头运镜拍摄过程做详细介绍。

步骤 01 拍摄者在人物的背面，俯拍人物脚步周围的地面，如图 4-27 所示。

步骤 02 在人物前行时，拍摄者慢慢上摇稳定器上的云台，如图 4-28 所示。

图 4-27　镜头俯拍人物脚步周围的地面

图 4-28　拍摄者慢慢上摇云台

步骤 03　人物继续前行，稳定器云台持续上摇，如图 4-29 所示。

步骤 04　镜头上摇到平拍角度即可，展示广阔的视野空间，如图 4-30 所示。

图 4-29　稳定器云台持续上摇

图 4-30　镜头上摇到平拍角度

047 展示恢宏场景——升镜头

升镜头是指摄像机在拍摄的时候做上升运动，在展示恢宏场景时，可以使用升镜头。镜头上升的方式有垂直上升、斜向上升、弧形上升和不规则上升。

【影视画面】图4-31为电影《霍比特人》中的画面，镜头在上升的时候，展示声势浩大的队伍，气势磅礴。

图 4-31　电影《霍比特人》中的升镜头

【实拍效果】镜头在上升的时候，会转换不同的主体，同时展示广阔的空间，交代被摄对象所处的环境，产生视觉冲击力和表达相应的情感，实拍效果如图4-32所示。

案例效果

图 4-32　升镜头实拍效果

【运镜拆解】下面对升镜头运镜拍摄过程做详细介绍。

步骤 01 拍摄者在人物的背面，微微压低镜头的高度，如图 4-33 所示。

步骤 02 人物位置不变，镜头缓慢上升，如图 4-34 所示。

图 4-33　微微压低镜头的高度

图 4-34　镜头缓慢上升

步骤 03　镜头上升到人物头部的位置，如图 4-35 所示。

步骤 04　镜头上升一定距离，并对焦在人物上方的日落景象，如图 4-36 所示。

图 4-35　镜头上升到人物头部的位置

图 4-36　对焦日落景象

048 聚焦特定局部——降镜头

降镜头是指摄像机在拍摄的时候做下降运动，可以带来画面视野的收缩效果。镜头下降的方式有垂直下降、斜向下降、弧形下降和不规则下降。

【影视画面】图4-37为电影《天使爱美丽》中的画面，视点的下降改变了画面中的被摄主体，由第三视角过渡到主观视角上来。

图 4-37　电影《天使爱美丽》中的降镜头

【实拍效果】在拍摄的时候，需要提前规划好镜头的运动轨迹和画面构图，让镜头在下降的时候可以交代准确的信息，镜头下降时尽量保持匀速，实拍效果如图4-38所示。

案例效果

图 4-38　降镜头实拍效果

【运镜拆解】下面对降镜头运镜拍摄过程做详细介绍。

步骤 01 人物坐在草地上，镜头在人物右侧，拍摄上方天空，如图 4-39 所示。

步骤 02 人物位置不变，镜头缓慢下降，如图 4-40 所示。

图 4-39　镜头拍摄上方天空

图 4-40　镜头缓慢下降

步骤 03 镜头下降到人物腰部的位置，如图 4-41 所示。

步骤 04 镜头下降一定距离，让人物处于画面中心的位置，如图 4-42 所示。

图 4-41　镜头下降到人物腰部的位置

图 4-42　让人物处于画面中心

049　传递主观感受——旋转镜头

旋转镜头中的画面一般是倾斜的，呈现出旋转的效果。可以手动旋转机身进行拍摄，也可以利用手机稳定器中的旋转模式进行旋转拍摄。旋转镜头中的人物一般处于旋转状态。

【**影视画面**】图4-43为电影《盗梦空间》中的场景，旋转镜头中的画面处于主观视线中，利用摄像机镜头的旋转效果及场景的灵活性，可以带来一定的晕眩效果，让观众与剧中人物一样，仿佛游走在梦境与现实之间。

图 4-43　电影《盗梦空间》中的旋转镜头

【**实拍效果**】在拍摄时，开启手机稳定器中的旋转模式，再长按稳定器上的左侧/右侧方向键，即可让手机旋转起来，实拍效果如图4-44所示。

案例效果

图 4-44　旋转镜头实拍效果

【**运镜拆解**】下面对旋转镜头运镜拍摄过程做详细介绍。

步骤 **01** 拍摄者固定机位，倾斜一定的手机角度，如图 4-45 所示。

步骤 **02** 人物向前行走，拍摄者长按方向键旋转手机镜头，如图 4-46 所示。

图 4-45　倾斜手机角度

图 4-46　旋转手机镜头

步骤 03 人物继续前行，拍摄者继续长按方向键，顺时针旋转镜头，如图 4-47 所示。

步骤 04 镜头旋转到一定的角度，即可停止拍摄，如图 4-48 所示。

图 4-47　顺时针旋转镜头

图 4-48　镜头旋转到一定的角度

050　营造独特氛围——环绕镜头

　　环绕镜头就是围绕被摄主体进行环绕拍摄，不仅可以展示和突出被摄主体，还可以展现人物与环境或者人物与人物之间的关系。环绕的速度也非常重要，慢速环绕通常有抒情的效果，快速环绕的画面则会更酷炫。

　　【影视画面】图4-49为电影《上帝之城》中的环绕镜头画面，表达人物陷入僵局的状态。

图 4-49　电影《上帝之城》中的环绕镜头

　　【实拍效果】在拍摄环绕镜头时，需要有特定的环绕主体，这样才能让观众知道拍的是什么，实拍效果如图4-50所示。

案例效果

图 4-50　环绕镜头实拍效果

　　【运镜拆解】下面对环绕镜头运镜拍摄过程做详细介绍。

　　步骤 01　人物位置不变，拍摄者在人物斜侧面仰拍人物，如图 4-51 所示。

步骤 02 拍摄者从人物的斜侧面环绕到另一侧，如图 4-52 所示。

图 4-51　仰拍人物

图 4-52　环绕到人物的另一侧

步骤 03 镜头继续环绕到人物的反侧面，如图 4-53 所示。

步骤 04 环绕到人物的另一反侧面，全方位地展示人物，如图 4-54 所示。

图 4-53　环绕到人物的反侧面

图 4-54　环绕到另一反侧面

051　结构多元变化——综合镜头

综合镜头是推、拉、跟、移、摇和升降等镜头，采取不同组合形式，结合起来拍摄的一种方法，也称长镜头。

【影视画面】在电影《摔跤吧！爸爸》的对话场景中，导演用左右摇摄、正面跟随和前推镜头连续地展示了一段从卧室至客厅的对话场景，用综合运动镜头塑造人物形象，如图4-55所示。

图 4-55　电影《摔跤吧！爸爸》中的综合镜头

【实拍效果】在综合运动镜头中，景别、场景和内容呈现出连续的变化。本段综合镜头是由正面跟随、环绕和背面跟随镜头结合在一起拍摄的，实拍效果如图4-56所示。

案例效果

图 4-56　综合镜头实拍效果

【运镜拆解】下面对综合镜头运镜拍摄过程做详细介绍。

步骤 01　在人物前行时，拍摄者在人物正面跟随拍摄人物，如图 4-57 所示。

步骤 02　拍摄者在跟随的过程中，环绕至人物的斜侧面，如图 4-58 所示。

图 4-57　拍摄者正面跟随拍摄人物

图 4-58　环绕至人物的斜侧面

步骤 03 拍摄者继续环绕至人物的反侧面，如图 4-59 所示。

步骤 04 环绕到人物背面跟随拍摄，追踪展示人物与环境，如图 4-60 所示。

图 4-59　环绕至人物的反侧面

图 4-60　环绕到人物背面跟随拍摄

第 5 章

角色进场镜头

　　本章将重点介绍角色进场时常用的镜头，在人物进场时，拍摄者可以用多种镜头方式进行展示，比如在一段空镜头中，让人物走进画面，或者利用镜头的运动转换运镜方向，切换画面展示角色。对于角色进场镜头的处理，不仅可以侧面塑造人物形象，还可以表现出相应的感情色彩。

052 过肩后拉展示角色

【实拍效果】过肩后拉主要是把手机镜头从人物的肩膀越过，并逐渐远离被摄对象，让人物角色从空镜头中出现，使画面层次感十足，实拍效果如图5-1所示。

案例效果

图 5-1 实拍效果

【运镜拆解】下面对运镜拍摄过程做详细介绍。

步骤 01 人物在湖边，镜头拍摄人物前面的湖面风景，如图 5-2 所示。

步骤 02 镜头从人物的左肩位置后拉，如图 5-3 所示。

图 5-2 镜头拍摄人物前面的湖面风景　　　　图 5-3 镜头从人物左肩后拉

步骤 03 镜头后拉至人物的背面，人物出现在画面中心，如图 5-4 所示。

步骤 04 镜头继续后拉，直至大部分的人物与环境都出现在画面中，如图 5-5 所示。

图 5-4　镜头后拉至人物的背面

图 5-5　镜头继续后拉

053　横移上升人物进场

【实拍效果】镜头在横移的时候，画面焦点集中在前景上，再慢慢转移视点，让人物出现在画面中，同时上升展示人物的面部，表示人物出场，实拍效果如图5-6所示。

案例效果

图 5-6　实拍效果

【运镜拆解】下面对运镜拍摄过程做详细介绍。

步骤 01 当人物从前方走来时，镜头拍摄树枝前景，如图 5-7 所示。

步骤 02 镜头从右至左横移拍摄前景，人物的身影进入画面，如图 5-8 所示。

图 5-7　镜头拍摄树枝前景

图 5-8　镜头从右至左横移拍摄前景

步骤 03 ▶ 镜头在缓慢上升的时候，定焦在人物身上，如图 5-9 所示。

步骤 04 ▶ 镜头上升拍摄人物的近景画面，逐渐露出人物真容，如图 5-10 所示。

图 5-9　镜头缓慢上升

图 5-10　镜头上升拍摄人物的近景画面

054　固定镜头前景遮挡

【实拍效果】在用固定镜头拍摄时，构图非常重要，如果想要人物出场的画面具有层次感，可让人物从遮挡的前景中出来，同时搭配简洁、有美感的背景，实拍效果如图5-11所示。

案例效果

图 5-11　实拍效果

【运镜拆解】下面对运镜拍摄过程做详细介绍。

步骤 01 镜头在固定机位取景构图，让前景挡住人物，如图 5-12 所示。

步骤 02 让人物从遮挡的前景中走出来，制造自然的人物进场状态，如图 5-13 所示。

图 5-12　镜头在固定机位取景构图　　　　图 5-13　让人物从遮挡的前景中走出来

055 固定镜头角色转身

【实拍效果】在拍摄角色转身露脸的镜头时，不需要太复杂的背景，如果背景要素太丰富，就会影响观众的注意点，保持背景简洁，让人物处于画面中心即可，实拍效果如图5-14所示。

案例效果

图 5-14　实拍效果

【运镜拆解】下面对运镜拍摄过程做详细介绍。

步骤 01 镜头在固定机位取景构图，让人物背向镜头，如图 5-15 所示。

步骤 02 人物慢慢转身展示正面，让观众看清楚角色的样子，如图 5-16 所示。

图 5-15　人物背向镜头　　　　　图 5-16　人物慢慢转身展示正面

056 遮挡后拉跟随人物

【实拍效果】在人物进场的时候，可以用快速后拉结合跟随拍摄的方式，使播放速度前快后慢，让画面具有节奏感和现场代入感，实拍效果如图5-17所示。

案例效果

图5-17　实拍效果

【运镜拆解】下面对运镜拍摄过程做详细介绍。

步骤 01 镜头尽量靠近人物的背面，用衣服做遮挡，如图 5-18 所示。

步骤 02 在人物前行时，镜头快速后拉，如图 5-19 所示。

图 5-18　镜头尽量靠近人物的背面　　　　　图 5-19　镜头快速后拉

步骤 03 后拉完成，开始跟随拍摄人物背面，如图 5-20 所示。

步骤 04 背面跟随一段距离，展示人物与周围的环境，如图 5-21 所示。

图 5-20　跟随拍摄人物背面

图 5-21　背面跟随一段距离

057　前景斜向升镜头

【实拍效果】镜头在上升时，利用前景做遮挡，可以实现若隐若现的画面效果，让人物的出现具有朦胧感，最后在上升定格时，展示人物所望向的风景，实拍效果如图5-22所示。

案例效果

图 5-22　实拍效果

【运镜拆解】下面对运镜拍摄过程做详细介绍。

步骤 01　拍摄者利用树干、树枝为前景，让人物处于树干的前方，如图 5-23 所示。

步骤 02　镜头慢慢斜向上升，逐渐出现人物的模糊身影，如图 5-24 所示。

图 5-23 拍摄者利用树为前景

图 5-24 镜头慢慢斜向上升

步骤 03 镜头斜向上升到人物清晰的身影出现，如图 5-25 所示。

步骤 04 镜头再上升一点距离，展示人物和其所望向的风景，如图 5-26 所示。

图 5-25 镜头上升到人物变清晰

图 5-26 镜头再上升一点距离

058 左摇拍摄人物

【实拍效果】摇镜头的作用在于能够展现更广阔的视野空间，所以可以利用左摇镜头，以人物的手为切入点，从局部带到整体，展示人物的全身，实拍效果如图5-27所示。

案例效果

图 5-27 实拍效果

【运镜拆解】下面对运镜拍摄过程做详细介绍。

步骤 01 在人物前行的时候，镜头拍摄人物伸出来的手，如图 5-28 所示。

步骤 02 镜头开始左摇，画面中逐渐露出人物的手和上半身，如图 5-29 所示。

图 5-28 镜头拍摄人物伸出来的手　　　　　图 5-29 镜头开始左摇

步骤 03 镜头左摇至人物和环境都开始展现的角度，如图 5-30 所示。

步骤 **04** 镜头左摇至一定的角度，展示大部分的环境和人物全身，如图 5-31 所示。

图 5-30　镜头左摇至相应的角度　　　　图 5-31　镜头左摇展示环境和人物

059 下摇人物入场

【实拍效果】利用下摇镜头可以切换垂直方向上的画面，用天空做起始画面，展现实时的天气，并在镜头下摇的时候，展示入场的人物和其周围环境，实拍效果如图5-32所示。

案例效果

图 5-32　实拍效果

【运镜拆解】下面对运镜拍摄过程做详细介绍。

步骤 **01** 拍摄者可利用稳定器云台的灵活性，操控镜头仰拍天空，如图 5-33 所示。

步骤 **02** 人物从靠近拍摄者的位置出发，镜头缓慢下摇，如图 5-34 所示。

图 5-33　镜头仰拍天空

图 5-34　镜头缓慢下摇

步骤 03 人物逐渐远离拍摄者，镜头下摇拍摄人物的背面，如图 5-35 所示。

步骤 04 镜头下摇至大部分的环境和人物都出现在画面中，如图 5-36 所示。

图 5-35　镜头下摇拍摄人物的背面

图 5-36　镜头下摇展现环境和人物

060　下降跟摇角色

【实拍效果】镜头在下降的时候，人物进入画面，在人物前行的时候，镜头全程跟摇拍摄人物，展示角色的状态，实拍效果如图5-37所示。在拍摄的时候，可以增加运镜幅度。

案例效果

图 5-37　实拍效果

【运镜拆解】下面对运镜拍摄过程做详细介绍。

步骤 01 人物在画面的左下侧，镜头开始拍摄风景画面，如图 5-38 所示。

步骤 02 镜头微微下降，人物开始进入画面，如图 5-39 所示。

图 5-38　镜头拍摄风景画面　　　　　图 5-39　镜头微微下降

步骤 03 人物在前行的过程中，进入画面的中间位置，如图 5-40 所示。

步骤 04 在人物持续前行的时候，镜头跟摇拍摄人物，使其保持在画面中间，如图 5-41

所示。

图 5-40　人物进入画面的中间位置

图 5-41　镜头跟摇拍摄人物

061　上摇后拉拍摄

【实拍效果】上摇后拉拍摄的效果与下摇拍摄类似，都是利用云台的
灵活性，改变运镜方向，从而逐渐展示画面，让人物一点点地出现在画面
中，实拍效果如图5-42所示。

案例效果

图 5-42　实拍效果

【运镜拆解】下面对运镜拍摄过程做详细介绍。

步骤 01　人物背向镜头，拍摄者俯拍人物背后的地面，如图 5-43 所示。

步骤 02　镜头慢慢上摇，人物逐渐入镜，如图 5-44 所示。

图 5-43　镜头俯拍人物背后地面

图 5-44　镜头慢慢上摇

步骤 03 镜头继续上摇，这时人物的全身都已经展示出来了，如图 5-45 所示。

步骤 04 镜头上摇至地面几乎消失的角度，留白天空区域，如图 5-46 所示。

图 5-45　镜头继续上摇

图 5-46　镜头上摇至天空区域

062 俯拍人物入镜

【实拍效果】俯拍相比平拍而言，能为观众展现出不一样的视角，此时让人物走进画面可以产生新鲜感，这也是最基本的人物进场镜头处理方式，实拍效果如图5-47所示。

案例效果

图 5-47 实拍效果

【运镜拆解】下面对运镜拍摄过程做详细介绍。

步骤01 镜头在固定的机位进行俯拍，人物在画面边缘的位置，如图 5-48 所示。

步骤02 人物逐渐走入画面，这时还看不到人脸，如图 5-49 所示。

图 5-48 固定机位进行俯拍　　　　　图 5-49 人物逐渐走入画面

步骤03 人物逐渐走进画面中间，可以清楚看到人物的身姿，如图 5-50 所示。

步骤04 最后人物朝另一个方向走出去，逐渐退出画面，如图 5-51 所示。

图 5-50　人物逐渐走进画面中间　　　　图 5-51　人物逐渐退出画面

063　长焦升镜头

【实拍效果】利用长焦升镜头展示人物，可以同时介绍人物周围的环境，镜头在上升的过程中，还可以突出被摄对象，增加纵向画面的丰富度和层次感，实拍效果如图5-52所示。

案例效果

图 5-52　实拍效果

【运镜拆解】下面对运镜拍摄过程做详细介绍。

步骤01 镜头在远处放大焦距倍数，拍摄的人物处于画面中上三分线处，如图5-53所示。

步骤02 镜头缓慢上升，让人物处于画面中心，如图5-54所示。

图 5-53　镜头在远处放大焦距倍数

图 5-54　镜头缓慢上升

步骤 03 镜头继续上升，使人物处于下三分线处，如图 5-55 所示。

步骤 04 镜头上升到人物的脚处于画框底部的位置，如图 5-56 所示。

图 5-55　镜头继续上升

图 5-56　镜头上升到一定的位置

064　后拉降镜头

【实拍效果】镜头在后拉的过程中，根据人物所在位置微微地下降，保持人物处于画面的突出位置，且不影响画面美感，实拍效果如图5-57所示。

案例效果

图 5-57　实拍效果

【运镜拆解】下面对运镜拍摄过程做详细介绍。

步骤 01 人物坐在湖边长椅上，镜头拍摄人物头部上前方的风景，如图 5-58 所示。

步骤 02 镜头从人物头顶右侧后拉，如图 5-59 所示。

图 5-58　镜头拍摄人物头部上前方的风景　　　　图 5-59　镜头从人物头顶右侧后拉

步骤 03 镜头在后拉的过程中下降一点点，让人物展示出来，如图 5-60 所示。

步骤 04 镜头后拉至可以看到人物坐在长椅上的全貌即可，如图 5-61 所示。

图 5-60　镜头后拉下降

图 5-61　镜头后拉至看到人物全貌

065　跟摇进场

【实拍效果】在人物进场的时候，可以用跟摇镜头全程跟踪，不仅可以表现人物的运动，还可以介绍人物周围的环境，让观众能够看到整体画面，实拍效果如图5-62所示。

案例效果

图 5-62　实拍效果

【运镜拆解】下面对运镜拍摄过程做详细介绍。

步骤 01　在人物进场前行时，拍摄者在人物侧面拍摄，如图 5-63 所示。

步骤 02　人物继续前行，镜头跟摇拍摄到人物的反侧面，如图 5-64 所示。

图 5-63　拍摄者在人物侧面拍摄

图 5-64　镜头跟摇拍摄人物反侧面

步骤 03　人物继续前行，镜头继续跟摇，并让人物处于画面中心，如图 5-65 所示。

步骤 04　在人物停止前行时，镜头结束跟摇，展示人物与环境，如图 5-66 所示。

图 5-65　镜头继续跟摇

图 5-66　镜头展示人物与环境

第 6 章

角色退场镜头

本章要点

　　镜头语言的作用在于用画面来讲故事，所以我们在拍摄角色退场的时候可以有许多种处理方式。比如，利用遮挡物挡住主体，让人物消失；或者直接转换场景；还有让人物渐行渐远，远离镜头，也是一种处理方式。本章将介绍一些常用的角色退场镜头，希望大家能有新的收获。

066 下降右摇转移视点

【实拍效果】本段镜头中不仅包含人物进场的内容，也包含人物退场的方式。利用下降镜头，让人物进场，再用镜头右摇的方式，转移视点，让人物退场，实拍效果如图6-1所示。

案例效果

图 6-1　实拍效果

【运镜拆解】下面对运镜拍摄过程做详细介绍。

步骤 01 拍摄者举高镜头，拍摄人物头部上方的风景，如图 6-2 所示。

步骤 02 镜头下降，拍摄站在江边的人物，如图 6-3 所示。

图 6-2　拍摄人物头部上方的风景　　　　图 6-3　镜头下降拍摄人物

步骤 03 镜头下降到一定的高度之后，开始右摇，如图 6-4 所示。

步骤 04 镜头右摇拍摄江边的风景，宣告人物退场，如图 6-5 所示。

图 6-4　镜头下降到一定的高度后右摇　　　　图 6-5　镜头右摇拍摄江边的风景

067 下降镜头聚焦前景

【实拍效果】下降镜头是镜头在垂直方向上向下移动，利用高度的变化差，改变画面内容，在人物退场的时候，镜头下降聚焦于前景，实拍效果如图6-6所示。

案例效果

图 6-6　实拍效果

【运镜拆解】下面对运镜拍摄过程做详细介绍。

步骤 01 ▶ 镜头在高处拍摄空镜头场景，如图 6-7 所示。

步骤 02 ▶ 镜头缓慢下降，人物走进画面，出现人物的模糊身影，如图 6-8 所示。

图 6-7　镜头拍摄空镜头场景

图 6-8　镜头缓慢下降

步骤 03 人物在镜头下降的时候，从右向左走出画面，如图 6-9 所示。

步骤 04 在人物出画的时候，镜头的焦点逐渐聚焦于前景上，如图 6-10 所示。

图 6-9　人物从右向左走出画面

图 6-10　镜头的焦点聚焦于前景上

068 固定镜头仰拍退场

【实拍效果】仰拍是镜头低于被摄对象，并且向上倾斜一定的角度，这样拍摄出的效果可以拉长视觉空间，突出被摄对象，在人物退场后，留下余韵，实拍效果如图6-11所示。

案例效果

图 6-11　实拍效果

【运镜拆解】下面对运镜拍摄过程做详细介绍。

步骤 01 镜头固定机位仰拍，人物从右出场，如图 6-12 所示。

步骤 02 人物从右至左走出画面，展示人物退场，如图 6-13 所示。

图 6-12　镜头固定机位仰拍　　　　　图 6-13　人物从右至左走出画面

069 前推右摇遮挡退场

【实拍效果】在镜头结束的时候,利用遮挡物挡住人物,能制作出自然的人物退场效果,可以让人物走到遮挡物的位置,也可以让人物被物体遮挡,实拍效果如图6-14所示。

案例效果

图 6-14　实拍效果

【运镜拆解】下面对运镜拍摄过程做详细介绍。

步骤 01 镜头在远处,拍摄手举油纸伞的人物,如图 6-15 所示。

步骤 02 镜头缓慢向人物位置推近,并且微微右摇,如图 6-16 所示。

图 6-15　镜头在远处拍摄人物

图 6-16　镜头推近人物并右摇

步骤 03 在摇镜推近人物的时候,人物举伞转身,如图 6-17 所示。

步骤 04 镜头向油纸伞遮挡物靠近,让人物消失在画面中,如图 6-18 所示。

图 6-17　人物举伞转身　　　　　　　　图 6-18　镜头靠近遮挡物

070　环绕后拉远离人物

【实拍效果】通过镜头与人物的距离逐渐拉远，展现人物退场，镜头渐渐远离人物，可以让画面产生一种疏离感，用镜头语言表明人物退场，实拍效果如图6-19所示。

案例效果

图 6-19　实拍效果

【运镜拆解】下面对运镜拍摄过程做详细介绍。

步骤 01 人物站在固定位置，镜头在人物侧面左右的位置靠近拍摄，如图 6-20 所示。

步骤 02 镜头逐渐环绕到人物的反侧面，如图 6-21 所示。

图 6-20　镜头靠近拍摄人物

图 6-21　镜头环绕到人物的反侧面

步骤 03 镜头从人物反侧面环绕到背面，并逐渐远离人物，如图 6-22 所示。

步骤 04 镜头继续后拉，让人物离镜头的距离越来越远，如图 6-23 所示。

图 6-22　镜头环绕到人物背面

图 6-23　镜头继续后拉并远离人物

071 慢速跟随人物出镜

案例效果

【实拍效果】镜头的运动速度慢于人物的运动速度，就可以让人物自然地退出画面，侧面跟随是比较容易实现这一效果的镜头，让人物自然流畅地退场，实拍效果如图6-24所示。

图6-24 实拍效果

【运镜拆解】下面对运镜拍摄过程做详细介绍。

步骤 01 在人物前行的时候，镜头从人物侧面拍摄，如图 6-25 所示。

步骤 02 人物前行，镜头跟随人物一段距离，开始放慢速度，如图 6-26 所示。

图6-25 镜头从人物侧面拍摄　　　　　图6-26 镜头跟随人物一段距离

步骤 03 镜头运动速度越来越慢，人物走到画框边缘，如图 6-27 所示。

步骤 04 当镜头跟随速度慢于人物的运动速度时，人物退出画面，如图 6-28 所示。

图 6-27 镜头运动速度越来越慢

图 6-28 人物退出画面

072 跟随摇摄后拉远离

【实拍效果】同样是让镜头远离人物，记录人物退场，可以先跟随人物一段距离，让画面具有连续感和渐进性，在人物退场时，镜头再后拉增加距离，实拍效果如图6-29所示。

案例效果

图 6-29 实拍效果

【运镜拆解】下面对运镜拍摄过程做详细介绍。

步骤 01 在人物前行的时候，镜头拍摄人物的侧面，如图 6-30 所示。

步骤 02 镜头从侧面跟随拍摄人物一段距离，如图 6-31 所示。

图 6-30　镜头拍摄人物的侧面

图 6-31　镜头跟随拍摄人物一段距离

步骤 03　镜头放慢跟随速度，摇摄人物的背面，如图 6-32 所示。

步骤 04　镜头在摇摄的过程中微微后拉，远离人物，如图 6-33 所示。

图 6-32　镜头摇摄人物的背面

图 6-33　镜头在摇摄时后拉

073　斜线下降角色出画

【实拍效果】镜头在斜线下降的时候，从人物的斜侧面慢慢下移，在人物走出画框的时候，拍摄空镜头场景，让画面定格在人物刚才出现过的地方，实拍效果如图6-34所示。

案例效果

图 6-34　实拍效果

【运镜拆解】下面对运镜拍摄过程做详细介绍。

步骤 01　镜头在人物的右侧前方拍摄，如图 6-35 所示。

步骤 02　人物直行前进，镜头开始沿斜线下降，如图 6-36 所示。

图 6-35　镜头在人物的右侧前方拍摄　　　图 6-36　镜头开始沿斜线下降

步骤 03　镜头在下降的过程中，记录人物的脚步渐渐走出画面，如图 6-37 所示。

步骤 04　在镜头下降至一定高度的时候，人物走出画面，拍摄空镜头场景，如图6-38所示。

图 6-37　人物的脚步渐渐走出画面　　　　图 6-38　拍摄空镜头场景

074 过肩前推转换焦点

【实拍效果】镜头在过肩前推的过程中，画面焦点由人物转换到风景上，让人物消失在画面中，完成人物退场的设计，实拍效果如图6-39所示。

案例效果

图 6-39　实拍效果

【运镜拆解】下面对运镜拍摄过程做详细介绍。

步骤 01 人物背向镜头，镜头拍摄人物的背面上半身，如图 6-40 所示。

步骤 02 镜头从右侧缓慢推近人物的背面，如图 6-41 所示。

图 6-40　镜头拍摄人物的背面

图 6-41　镜头推近人物的背面

步骤 03 镜头继续前推，逐渐越过人物的右肩膀，如图 6-42 所示。

步骤 04 镜头过肩前推后，拍摄人物前方的风景，让人物退场，如图 6-43 所示。

图 6-42　镜头继续前推

图 6-43　镜头拍摄人物前方的风景

第 7 章

角色对话和奔跑镜头

本章要点

　　角色对话镜头在电影场景中十分常见，作为拍摄者，要提前布置场景、设置机位、为角色的对话画面构图，这些都需要精心布控，因为对话镜头是文戏中比较重要的部分。

　　对于奔跑镜头，拍摄者需要把握与角色之间的速度、空间关系，让观众能够从画面中感受到奔跑者的状态和能量。

075　正反打对话镜头

【实拍效果】正反打对话镜头主要是在人物面对面的时候拍摄的，通过"越肩"取景拍摄对话双方。正反打还分为内反打和外反打，内反打通常是主观镜头，外反打则需要拍摄到另一个人的肩膀或者背影，本案例为外反打对话镜头，实拍效果如图7-1所示。

案例效果

图 7-1　实拍效果

【运镜拆解】下面对运镜拍摄过程做详细介绍。

步骤 01 在人物对话的时候，让其面对面坐下，如图 7-2 所示。

步骤 02 镜头设置长焦模式，越过人物 A 的肩膀拍摄提问人 B，如图 7-3 所示。

图 7-2　让人物面对面坐下　　　　　图 7-3　越过 A 肩膀拍摄 B

步骤 03 镜头更改机位，越过人物 B 的肩膀拍摄回答问题的 A，如图 7-4 所示。

步骤 04 需要注意，"越肩"拍摄的前后肩膀都需要在同一侧，如图 7-5 所示。

图 7-4　越过 B 肩膀拍摄 A　　　　　图 7-5　注意拍摄的前后肩膀要在同一侧

076　三镜头法拍摄

【实拍效果】三镜头法拍摄主要是在拍摄多人场景时，用客观镜头、主观镜头和半主观镜头同步记录，使人物对话的画面更有层次感，实拍效果如图7-6所示。

案例效果

图 7-6　实拍效果

【运镜拆解】下面对运镜拍摄过程做详细介绍。

步骤 01 在人物对话的时候，拍摄双方都在的背面全景客观镜头，如图 7-7 所示。

步骤 02 镜头改变机位，拍摄说话人 A 的正面，如图 7-8 所示。

图 7-7　镜头拍摄客观镜头

图 7-8　拍摄说话人 A 的正面

步骤 03 拍摄说话人 A 正面的镜头，就是主观镜头，如图 7-9 所示。

步骤 04 拍摄说话人 B 的侧面镜头，即为半主观镜头，如图 7-10 所示。

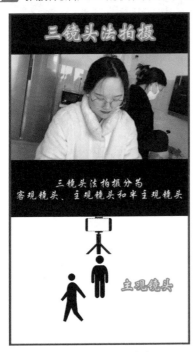

图 7-9　拍摄主观镜头

图 7-10　拍摄半主观镜头

077 桌面对话镜头

【实拍效果】在桌面对话中，如果需要额外突出某个对象，可以不改变拍摄角度，只运用景别、运镜的变化来拍摄，让画面具有层次感的同时，突出重要对象，实拍效果如图7-11所示。

案例效果

图 7-11　实拍效果

【运镜拆解】下面对运镜拍摄过程做详细介绍。

步骤 01　镜头固定机位拍摄 A 的正面和 B 的反侧面，如图 7-12 所示。

步骤 02　镜头离说话人 A、B 有一定距离，这时 B 开始提问，如图 7-13 所示。

图 7-12　镜头固定机位拍摄　　图 7-13　镜头与人物 A 和 B 有一定距离

步骤 03　镜头改变机位，不改变运镜方向，用运动镜头的方式，越过人物 B 的手臂拍摄回答问题的 A，如图 7-14 所示。

步骤 04 ▶ 镜头缓慢前推拍摄，拉近人物 A 与镜头的距离，突出 A，如图 7-15 所示。

图 7-14　镜头越过人物 B 拍摄 A　　　　　图 7-15　镜头缓慢前推拍摄 A

078　全景牛仔视角

【实拍效果】牛仔视角镜头来源于美国早期的西部片，主要是越过人物的腰腿部(牛仔挎枪的位置)拍摄另一个对象，可以平拍，也可以仰拍，以突出人物，实拍效果如图7-16所示。

案例效果

图 7-16　实拍效果

【运镜拆解】下面对运镜拍摄过程做详细介绍。

步骤 01 ▶ 镜头在固定机位，拍摄人物双方的背面全景，如图 7-17 所示。

步骤 02 ▶ 人物 A 开始向人物 B 提问，双方微微转身面对面，如图 7-18 所示。

图 7-17 镜头固定机位拍摄全景

图 7-18 双方微微转身面对面

步骤 03 镜头转换机位，越过人物 B 的腰腿部拍摄提问的 A，如图 7-19 所示。

步骤 04 镜头再次转换机位，越过 A 的腰部拍摄回答问题的 B，如图 7-20 所示。

图 7-19 镜头越过 B 拍摄 A

图 7-20 镜头越过 A 拍摄 B

079　固定镜头仰拍

【实拍效果】在拍摄人物跑步的时候，可以记录某个步伐，进行特写放大，方法是把手机放在地面上，慢动作固定镜头仰拍，人物跨步越过手机完成拍摄，实拍效果如图7-21所示。

案例效果

图 7-21　实拍效果

【运镜拆解】下面对运镜拍摄过程做详细介绍。

步骤 01 把摄影器材放在地面上，镜头朝向天空的方向，人物在镜头上方从左侧向右侧跨步，如图 7-22 所示。

步骤 02 在拍摄的时候，镜头用慢动作模式记录跨步的全过程，如图 7-23 所示。

图 7-22　人物从镜头左侧向右侧跨步　　　　图 7-23　慢动作模式拍摄

080 低角度背面跟拍

【实拍效果】用低角度的镜头拍摄人物跑步时的状态，能够让观众更有代入感，拍摄时还可以倾斜镜头使画面更具动感，实拍效果如图7-24所示。

案例效果

图 7-24　实拍效果

【运镜拆解】下面对运镜拍摄过程做详细介绍。

步骤 01 人物在镜头的左侧，拍摄者倒置握住手持稳定器，镜头低角度微微倾斜拍摄地面，如图 7-25 所示。

步骤 02 在人物跑进画面的时候，镜头开始低角度前推，如图 7-26 所示。

图 7-25　镜头低角度倾斜拍摄地面　　　　图 7-26　镜头开始低角度前推

步骤 03 让人物跑进画面的中心位置，镜头在低角度前推的时候正好拍摄人物背面，如

图 7-27 所示。

步骤 04　镜头继续在人物背面跟随拍摄一段距离，如图 7-28 所示。

图 7-27　镜头低角度拍摄人物背面

图 7-28　镜头跟随拍摄人物背面

081　侧跟脚步+反侧跟随

【实拍效果】在人物奔跑的时候，镜头从低角度侧跟转换到从人物的反侧面跟随拍摄，可以让画面具有层次感，同时全方位、多角度地记录人物跑步的样子，实拍效果如图7-29所示。

案例效果

图 7-29　实拍效果

【运镜拆解】下面对运镜拍摄过程做详细介绍。

步骤 01　在人物跑步时，拍摄者弯腰下蹲拍摄人物的侧面脚步，如图 7-30 所示。

步骤 02　镜头跟随人物一段距离，开始摇镜头，如图 7-31 所示。

图 7-30　拍摄人物的侧面脚步

图 7-31　镜头跟随人物一段距离并摇镜头

步骤 **03** 镜头逐渐上移，拍摄者从人物反侧面拍摄其上半身，如图 7-32 所示。

步骤 **04** 镜头从人物的反侧面跟随拍摄跑步的人物，如图 7-33 所示。

图 7-32　镜头从人物的反侧面拍摄

图 7-33　镜头从人物反侧面跟随拍摄

第 8 章

人物街拍镜头

本章要点

　　对于人物街拍来说，时尚感和动感是街拍运镜所追求的效果。在拍摄上，可以选择多种运镜组合方式；在场景上，可以选择干净、整洁、有特色的街道进行取景；在人物方面，可以让模特穿着新潮一些的服装，还可以佩戴一些配饰，比如墨镜、围巾等单品，提升时尚感！

082 下摇跟随

【实拍效果】在人物进入新场景的时候，可以用下摇跟随的运镜方式，先仰拍地点环境，再下摇展示人物，并跟随人物，让全程画面具有场景代入感，实拍效果如图8-1所示。

案例效果

图8-1 实拍效果

【运镜拆解】下面对运镜拍摄过程做详细介绍。

步骤 01 拍摄者仰拍具有特点的招牌，交代人物所处的环境地点，如图8-2所示。

步骤 02 镜头下摇，人物进场，镜头拍摄人物的背面，如图8-3所示。

图8-2 交代人物所处的环境地点　　　　图8-3 镜头下摇拍摄人物的背面

步骤 03 镜头下摇至一定的角度，拍摄人物全身，如图8-4所示。

步骤 04 镜头跟随人物一段距离，展示人物所经过的环境，如图8-5所示。

图 8-4　镜头下摇至一定的角度

图 8-5　镜头跟随人物一段距离

083　横移半环绕

【实拍效果】利用墙体作为前景，镜头横移之后拍摄进场的人物，再从人物正面做180°的半环绕运动，由拍摄人物的正面转到背面，让街拍画面更丰富和生动一些，实拍效果如图8-6所示。

案例效果

图 8-6　实拍效果

【运镜拆解】下面对运镜拍摄过程做详细介绍。

步骤 01 ▶ 镜头拍摄墙体，人物从墙壁左侧进入画面，如图 8-7 所示。

步骤 02 ▶ 镜头左移越过墙壁，拍摄人物的正面，如图 8-8 所示。

图 8-7　镜头拍摄墙体

图 8-8　镜头左移越过墙壁

步骤 03 在人物前行时，镜头从人物的正面环绕至反侧面，如图 8-9 所示。

步骤 04 镜头继续环绕到人物的背面，做 180° 半环绕运动，如图 8-10 所示。

图 8-9　镜头从正面环绕至反侧面

图 8-10　镜头继续环绕到人物的背面

084　倾斜前推后拉

【实拍效果】在同一个背景中，利用前推后拉运镜，可以展示人物在一个背景中不同角度的样子，再利用倾斜的角度镜头拍摄，让画面更灵动一些，实拍效果如图8-11所示。

案例效果

图 8-11　实拍效果

【运镜拆解】下面对运镜拍摄过程做详细介绍。

步骤 01　镜头倾斜一定的角度，在人物的右侧拍摄，如图 8-12 所示。

步骤 02　镜头继续倾斜角度，并向人物的位置推近，如图 8-13 所示。

图 8-12　倾斜镜头在人物右侧拍摄　　　　图 8-13　镜头向人物位置推近

步骤 03　镜头推近人物之后，回正角度，并向人物左侧位置移动，如图 8-14 所示。

步骤 04　镜头倾斜至与前推时相反的角度，并逐渐后拉，远离人物和背景，如图 8-15 所示。

图 8-14　回正镜头角度并向人物左侧移动　　　　图 8-15　倾斜镜头后拉

085　上升跟随环绕

【实拍效果】在街拍时，如果要拍摄更多街道的景象，最好的方式就是跟随人物，从低角度到高角度，并环绕人物，全方位地展示人物周围的环境，实拍效果如图8-16所示。

案例效果

图 8-16　实拍效果

【运镜拆解】下面对运镜拍摄过程做详细介绍。

步骤 01　拍摄者下蹲放低镜头高度，拍摄人物的侧面脚步，如图 8-17 所示。

步骤 02　镜头慢慢上升，开始环绕至人物的反侧面，如图 8-18 所示。

图 8-17　镜头放低拍摄人物侧面脚步

图 8-18　镜头上升环绕至人物反侧面

步骤 03 镜头在跟随人物前行的时候，继续上升环绕，如图 8-19 所示。

步骤 04 镜头上升环绕至人物的背面，展示人物与周围的环境，如图 8-20 所示。

图 8-19　镜头继续上升环绕

图 8-20　镜头上升环绕至人物的背面

086 低角度仰拍跟随

【实拍效果】低角度是一个不常见的拍摄角度，可以让画面更有新鲜感，在一些特定的街拍场景中，低角度跟随镜头可以连续地展示环境，让观众有现场代入感，容易产生共鸣，实拍效果如图8-21所示。

案例效果

图 8-21　实拍效果

【运镜拆解】下面对运镜拍摄过程做详细介绍。

步骤 01　当人物在街道上行走时，镜头低角度仰拍人物斜侧面，如图 8-22 所示。

步骤 02　在跟随拍摄的时候，微微斜拍，进行引导线构图，如图 8-23 所示。

图 8-22　镜头低角度仰拍人物斜侧面　　　　图 8-23　镜头微微斜拍

步骤 03　镜头保持低角度仰拍，跟随人物前行，如图 8-24 所示。

步骤 04　镜头跟随人物一段距离即可，仰拍能让人物显得更加修长和更有气质，如

图 8-25 所示。

图 8-24　镜头保持低角度仰拍并跟随人物　　　　图 8-25　镜头跟随人物一段距离

087　推镜头＋跟镜头

【实拍效果】如果要拍摄人物从室外进入室内，使用推镜头＋跟镜头拍摄是非常适合的。在室外的大环境中，用推镜头拉近与人物的距离，再跟随人物转换场景，实拍效果如图8-26所示。

案例效果

图 8-26　实拍效果

【运镜拆解】下面对运镜拍摄过程做详细介绍。

步骤 01　镜头在人物的侧面，离人物的位置有一定距离，如图 8-27 所示。

步骤 02　人物前行，镜头向人物侧面位置推近，如图 8-28 所示。

图 8-27　镜头在人物的侧面

图 8-28　镜头向人物侧面位置推近

步骤 03 ▶ 镜头环绕到人物的背面，并跟随人物，如图 8-29 所示。

步骤 04 ▶ 镜头在人物背面跟随一段距离，由室外进入室内，如图 8-30 所示。

图 8-29　镜头环绕到人物背面

图 8-30　镜头在人物背面跟随一段距离

第 9 章

转场镜头

本章要点

转场分为技巧转场和无技巧转场。技巧转场是指利用特效技术切换画面，也就是在视频剪辑软件中为片段素材之间添加转场效果。无技巧转场则是在不依赖后期特效制作的情况下，在前期拍摄时精心设计，用素材与素材之间的关系实现无缝转换的效果。

088 翻转转场

【实拍效果】翻转转场主要是用半环绕镜头组合制作的。在拍摄时，需要找寻不同的背景，让人物处于画面中间，镜头围绕人物做同一个方向的半环绕运动，实拍效果如图9-1所示。

案例效果

图 9-1　实拍效果

【运镜拆解】下面对运镜拍摄过程做详细介绍。

步骤 01 ▶ 人物站在第 1 个场景的中间，镜头在人物的左侧拍摄其侧面的样子，如图 9-2 所示。

步骤 02 ▶ 镜头围绕人物做半环绕运动，环绕至人物的右侧，如图 9-3 所示。

图 9-2　镜头拍摄第 1 个场景中人物的左侧　　　图 9-3　镜头环绕至人物的右侧

步骤 03 ▶ 人物站在第 2 个场景的中间，镜头拍摄人物左侧，如图 9-4 所示。

步骤 04 ▶ 镜头继续围着人物环绕半圈，直到人物右侧，如图 9-5 所示。

图 9-4　镜头拍摄第 2 个场景中人物的左侧

图 9-5　镜头继续环绕至人物右侧

步骤 05 人物站在第 3 个场景的中间，镜头拍摄人物左侧，如图 9-6 所示。

步骤 06 镜头半环绕人物至其右侧，如图 9-7 所示。

图 9-6　镜头拍摄第 3 个场景中人物的左侧

图 9-7　镜头半环绕至人物右侧

步骤 07 把拍摄完成的三段镜头，通过视频剪辑软件合成为一个连贯的作品。

089 蒙版转场

【实拍效果】制作蒙版转场需要先准备两段镜头运动方向相同的视频素材，在前一段素材的末尾或者后一段素材的开始位置要出现遮挡物，如树木、墙壁或者栏杆等，然后在剪映App中为第2段素材添加线性蒙版关键帧，实现蒙版转场，实拍效果如图9-8所示。

案例效果

图9-8 实拍效果

【运镜拆解】下面对运镜拍摄过程做详细介绍。

步骤 01 镜头在人物侧面拍摄人物，并跟随前行，如图 9-9 所示。

步骤 02 在人物被墙体遮挡的时候，镜头继续跟随，如图 9-10 所示。

图9-9 镜头在人物侧面拍摄人物　　　　图9-10 镜头继续跟随

步骤 03 转换场景，拍摄同一个运动方向的人物侧面跟随镜头，如图 9-11 所示。

步骤 04 跟随人物一段距离，如图 9-12 所示。

图 9-11 拍摄同一运动方向的人物侧面镜头

图 9-12 跟随人物一段距离

步骤 05 将两段素材用剪映 App 中的线性蒙版合成，并添加关键帧，制作蒙版转场效果。

090 高度差转场

【实拍效果】高度差转场的要点在于两段素材中画面的高度存在巨大差异，将低角度和高角度镜头结合在一起，可以形成强烈的反差，使转场更有冲击感，实拍效果如图9-13所示。

案例效果

图 9-13 实拍效果

【运镜拆解】下面对运镜拍摄过程做详细介绍。

步骤 01 在人物下阶梯的时候，镜头在远处低角度拍摄，如图 9-14 所示。

步骤 02 镜头低角度前推至人物抬脚的位置，如图 9-15 所示。

图 9-14　镜头在远处低角度拍摄人物

图 9-15　镜头低角度前推

步骤 03 ▶ 转换场景，镜头高角度拍摄人物头顶，如图 9-16 所示。

步骤 04 ▶ 人物前行的时候，镜头从高处后拉一段距离，远离人物，如图 9-17 所示。

图 9-16　镜头高角度拍摄人物头顶

图 9-17　镜头从高处后拉一段距离

步骤 05 ▶ 拍摄完成，使用视频剪辑软件将两段素材合成为一个完整的作品。

091 物体遮挡转场

【实拍效果】在拍摄的时候，利用相似物作为转场可以让画面自然流畅地切换，比如用相同的物体，相同的形状、色彩，以及其他元素来连接上下镜头，实拍效果如图9-18所示。

案例效果

图 9-18　实拍效果

【运镜拆解】下面对运镜拍摄过程做详细介绍。

步骤 01 人物从画面左侧入画，镜头在人物侧面拍摄，如图 9-19 所示。

步骤 02 镜头前推，让焦点集中在人物的挎包上，如图 9-20 所示。

图 9-19　镜头在人物侧面拍摄　　　　图 9-20　镜头前推拍摄挎包

步骤 03 转换场景，镜头靠近人物，俯拍挎包，如图 9-21 所示。

步骤 04 在人物前行的时候，镜头从挎包位置上摇后拉远离人物，如图 9-22 所示。

图 9-21　镜头俯拍挎包

图 9-22　镜头上摇后拉远离人物

092 手掌遮挡转场

【实拍效果】可以让被摄人物用身体作为遮挡实现转场，比如用手挡住镜头，再从镜头的位置移开，进行"手动"转场，实拍效果如图9-23所示。

案例效果

图 9-23　实拍效果

【运镜拆解】下面对运镜拍摄过程做详细介绍。

步骤 01 镜头在人物前方，拍摄远处走来的人物，如图 9-24 所示。

步骤 02 镜头靠近人物的时候，人物用手掌挡住镜头，如图 9-25 所示。

图 9-24　镜头拍摄远处的人物

图 9-25　人物用手掌挡住镜头

步骤 03 转换场景，在开始拍摄的时候人物用手挡住镜头，如图 9-26 所示。

步骤 04 人物把手从镜头位置移开，并背向镜头，二者互相远离，如图 9-27 所示。

图 9-26　转换场景后人物用手挡住镜头

图 9-27　人物把手从镜头位置移开并互相远离

093 空镜头转场

【实拍效果】空镜头转场是指用没有人物的场景镜头作为开场画面，先介绍环境，再展示有人物的环境镜头，让画面在开始的时候实现自然过渡，实拍效果如图9-28所示。

案例效果

图 9-28 实拍效果

【运镜拆解】下面对运镜拍摄过程做详细介绍。

步骤 01 以树枝为前景，镜头从高处拍摄远方的天空，如图 9-29 所示。

步骤 02 镜头慢慢下降，拍摄远处湖边的风景，如图 9-30 所示。

图 9-29 镜头从高处拍摄远方的天空　　图 9-30 镜头慢慢下降拍摄湖边风景

步骤 03 在同一个场景中，镜头从人物的斜侧面仰拍，如图 9-31 所示。

步骤 04 镜头围绕人物环绕拍摄，展示人物的另一个角度，如图 9-32 所示。

图 9-31　镜头从人物的斜侧面仰拍

图 9-32　镜头围绕人物环绕拍摄

专家提醒

　　空镜头作为交代环境的一种镜头，也可称为景物镜头，但空镜头也不仅仅是用来记录景物、制作转场的，拍摄者、创作者还可将其作为抒情和叙事的载体，以加强视频的艺术表现力。

　　在拍摄空镜头时，固定镜头、固定延时拍摄是比较保险的方式，前期只需设置好取景构图，就可拍摄出理想的景物画面。当然，为了让画面更加生动，也可用运动镜头拍摄，以增加画面亮点。

第 10 章

特殊镜头

在电影拍摄中，除了经常用到的一些基本镜头以外，特殊镜头也是必不可少的，运用相应的特殊镜头技巧，可以为叙事增加闪光点。本章将为大家介绍背景变焦镜头、慢动作镜头、快动作镜头等特殊镜头的用法，帮助大家学会相应的拍摄技巧，能够以丰富的镜头语言传达视频内涵。

094 无人机视角镜头

【实拍效果】摄影者可以手握稳定器，采用从低到高的运镜手法，模仿无人机起飞至一定高度的效果，让画面视野变得越来越宽广，实拍效果如图10-1所示。如果稳定器的手柄不够长，可以用自拍延长杆架着手机拍摄。

案例效果

图 10-1 实拍效果

【运镜拆解】下面对运镜拍摄过程做详细介绍。

步骤 01 用自拍杆架着手机，靠近俯拍人物的背面，如图 10-2 所示。

步骤 02 在人物前行的时候，镜头微微上摇，如图 10-3 所示。

图 10-2 手机靠近俯拍人物的背面　　　　图 10-3 镜头微微上摇

步骤 03 人物继续前行，镜头继续上摇并后拉一段距离，如图 10-4 所示。

步骤 04 镜头上摇后拉至一定的角度和高度，展示远处的人物，如图 10-5 所示。

图 10-4　镜头继续上摇并后拉　　　　　图 10-5　镜头上摇后拉至一定的角度和高度

095　背景变焦镜头

【实拍效果】背景变焦镜头最早出现在希区柯克的电影中，所以也叫"希区柯克变焦镜头"，变焦方式为人物焦段不变，背景进行变焦，从而营造出一种空间压缩感。本案例中，镜头是稳定器在"背景靠近"的效果选项下，渐渐远离人物拍摄的，实拍效果如图10-6所示。

案例效果

图 10-6　实拍效果

【拍摄指导】下面对拍摄过程做详细介绍。

步骤 01 在手机中下载 DJI Mimo 软件，连接设备之后，进入拍摄模式，固定镜头，❶切换至"动态变焦"模式；❷默认选择"背景靠近"拍摄效果；❸点击"完成"按钮，如图 10-7 所示。

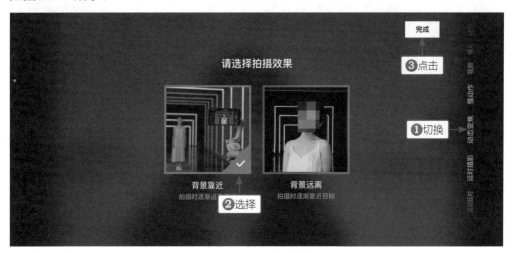

图 10-7 设置变焦模式

步骤 02 ❶框选人像；❷点击拍摄按钮█，如图 10-8 所示。在拍摄时，人物位置保持不变，镜头后拉一段距离，慢慢远离人物。

图 10-8 拍摄人物

步骤 03 拍摄完成后，点击拍摄按钮停止拍摄，屏幕中会显示合成进度，如图 10-9 所示。合成完成后，即可在相册中查看拍摄的视频。

图 10-9　显示合成进度

专家提醒

　　"动态变焦"模式中还包含"背景远离"拍摄效果，在"背景远离"选项中，镜头是向前推的，从远到近靠近人物。无论采用哪种模式，都需要框选画面中的主体。在选择视频背景时，最好选择线条感强烈、画面简洁的背景。

096　慢动作镜头

【实拍效果】慢动作镜头可以延缓视频中人物的动作节奏、延长动作时间，让观众看清那些可能会忽略的细节，所以慢动作镜头有表现细节、表达情绪和营造氛围的作用。比如，拍摄人像时，在人物转身做表情时用慢动作拍摄，可以让画面变得更加唯美，实拍效果如图10-10所示。

案例效果

图 10-10　实拍效果

【拍摄指导】下面对拍摄过程做详细介绍。

步骤 01　在手机中下载 DJI Mimo 软件，连接设备之后，进入拍摄模式，固定镜头拍摄人物的背面，❶切换至"慢动作"模式；❷点击拍摄按钮，如图 10-11 所示。

图 10-11 拍摄人物背面

步骤 02 让人物转过身来，面对镜头，之后点击◉按钮停止拍摄，如图 10-12 所示。在相册中可查看生成的慢动作视频。

图 10-12 拍摄人物正面

专家提醒

在爱情片中，常会用到慢动作镜头拍摄男女主的回眸，刻画人物深情的样子；在武打动作片中，可以用慢动作镜头记录武打动作，让观众看清招式；对于某些具有纪念意义的画面，也会用到慢动作镜头，寓意留住美好的时光。

097 快动作镜头

【**实拍效果**】快动作镜头与慢动作镜头的作用是相反的，会压缩时间和相应的动作，让一段长镜头在很短的时间内就能快速播放展示完毕。可以用快动作镜头记录人物焦急等待的样子，让几分钟的等待画面压缩成一段几秒钟的视频，实拍效果如图10-13所示。

案例效果

图 10-13　实拍效果

【**拍摄指导**】下面对拍摄过程做详细介绍。

步骤 01 ▶ 在手机中下载 DJI Mimo 软件，连接设备之后，进入拍摄模式，固定镜头拍摄人物，❶切换至"延时摄影"模式；❷设置拍摄时长和压缩范围；❸点击拍摄按钮████，如图 10-14 所示。

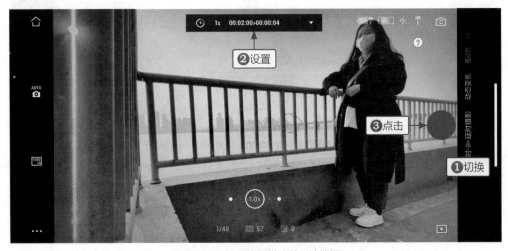

图 10-14　设置拍摄模式并开始拍摄

步骤 02 ▶ 让人物在 2 分钟的时间内，展示各种焦急不安的动作，2 分钟计时结束，设备会自动停止拍摄，如图 10-15 所示。此时，在相册中就可查看生成的快动作视频。

图 10-15　自动停止拍摄

只要手机中的拍摄模式有"延时摄影"的选项，就可以拍摄快动作镜头。

098　快速摇镜

【实拍效果】利用镜头的切换方向一致，可以让两段视频无缝结合，实现自然过渡的效果。在两段视频连接前后，用快速摇镜的方式拍摄，实拍效果如图10-16所示。

案例效果

图 10-16　实拍效果

【运镜拆解】下面对运镜拍摄过程做详细介绍。

步骤 01 人物下阶梯并朝镜头方向走来，镜头跟踪下移，如图 10-17 所示。

步骤 02 人物停止前行并转头看远处，镜头朝同方向快速摇镜，如图 10-18 所示。

图 10-17　人物下阶梯并朝镜头方向走来　　　　　图 10-18　镜头朝同方向快速摇镜

步骤 03 转换场景，镜头从同一个方向快速向左摇镜，如图 10-19 所示。

步骤 04 摇镜拍摄到人物背面，跟随人物前行，实现视频的过渡，如图 10-20 所示。

图 10-19　镜头从同一个方向快速向左摇镜　　　　图 10-20　镜头跟随人物前行

099 盗梦空间

【实拍效果】盗梦空间这一运镜手法来自电影《盗梦空间》中的场景，这种运动镜头通常是用旋转镜头的方式完成，让画面失去平衡感，营造出一种疯狂或者丧失方向感的气氛，让画面变得更加梦幻和炫酷，就好像在梦境中一般，实拍效果如图10-21所示。

案例效果

图 10-21 实拍效果

【运镜拆解】下面对运镜拍摄过程做详细介绍。

步骤 01 在手机中下载 DJI Mimo 软件，连接设备之后，进入视频拍摄模式，点击画面中左下角的■■■按钮，如图 10-22 所示。

点击

图 10-22 进入视频拍摄模式

步骤 02 ①继续点击■按钮，进入"云台"界面；②在"云台模式"选项卡中，选择"旋转拍摄"模式，便于拍摄旋转镜头，如图 10-23 所示。

步骤 03 镜头倾斜一定的角度，在人物背面跟随拍摄，如图 10-24 所示。

步骤 04 人物前行，拍摄者长按稳定器上的右侧方向键，旋转镜头并跟随人物前行，如图 10-25 所示。

图 10-23　选择"旋转拍摄"模式

图 10-24　镜头倾斜一定的角度

图 10-25　拍摄者长按稳定器上的右侧方向键

步骤 05 旋转一定角度之后，拍摄者长按稳定器上的左侧方向键，换个方向旋转镜头并继续跟随拍摄，如图 10-26 所示。

步骤 06 当镜头旋转到一定角度，且不能再继续旋转的时候，就停止跟随拍摄，如图 10-27 所示。

图 10-26　拍摄者长按稳定器上的左侧方向键

图 10-27　镜头旋转到一定角度

100　一镜到底

【实拍效果】一镜到底指的是用一个长镜头来完成一段叙事和场景的拍摄。随着技术的发展，也可以通过视频后期剪辑和特效，"伪装"一镜到底。简单、基本的一镜到底镜头，可以利用场景的可调度性、人物活动的灵活性合作拍摄完成，实拍效果如图10-28所示。

案例效果

图 10-28　实拍效果

【运镜拆解】下面对运镜拍摄过程做详细介绍。

步骤 01　在人物前行的时候，镜头拍摄人物的正面，如图 10-29 所示。

步骤 02　拍摄者跟随人物一段距离，在人物转身时，向右摇镜，如图 10-30 所示。

图 10-29　镜头拍摄人物的正面

图 10-30　拍摄者向右摇镜

步骤 03 ▶ 人物走到拍摄者的右侧，镜头刚好右摇拍到人物背面，如图 10-31 所示。

步骤 04 ▶ 镜头右摇一定的角度后，后拉一段距离，远离人物，如图 10-32 所示。

图 10-31　镜头右摇到人物背面

图 10-32　镜头后拉一段距离

第 11 章
电影常用剪辑技巧

本章主要介绍电影中常用的剪辑技巧，内容为如何在剪映App中进行基本的后期处理，包含导入素材和剪辑画面、为片段之间设置转场，以及导出高清画质的视频等操作方法。学习这些剪辑技巧，能够帮助大家独立地完成剪辑工作，随心所欲地制作大片。

101 导入素材和剪辑画面

【**效果展示**】在剪映App中导入素材，就可以进行剪辑操作了。剪辑画面就是把素材的时长裁剪，只留下想要的片段，效果如图11-1所示。

案例效果　　教学视频

图 11-1　效果展示

【**操作步骤**】下面介绍具体操作方法。

步骤 01 ▶ 在手机的应用商店下载剪映 App，点击剪映图标，如图 11-2 所示。

步骤 02 ▶ 进入"剪辑"界面，点击"开始创作"按钮，如图 11-3 所示。

图 11-2　点击剪映图标　　　　　　　　图 11-3　点击"开始创作"按钮

步骤 03 ▶ ❶在"照片视频"界面中选择素材；❷选中"高清"复选框；❸点击"添加"按钮，如图 11-4 所示。

步骤 04 ▶ ❶在编辑界面中选择视频；❷拖曳时间轴至视频 7s 的位置；❸点击"分割"按钮，分割素材；❹默认选择第 2 段素材，点击"删除"按钮，如图 11-5 所示。

步骤 05　删除片段之后，❶拖曳时间轴至视频起始位置；❷选择素材；❸向右拖曳素材左侧的白色边框至视频 1s 的位置，删除片头的部分画面，如图 11-6 所示。

图 11-4　选择素材并添加

图 11-5　分割并删除多余素材

图 11-6　删除片头部分画面

102　设置播放速度和补帧

【效果展示】在剪映中通过设置变速参数，可以让视频快速或慢速播放，也可以开启智能补帧，制作慢动作画面，效果如图11-7所示。

案例效果

教学视频

图 11-7　效果展示

【操作步骤】下面介绍具体操作方法。

步骤 01　在剪映 App 中导入素材，❶选择素材；❷依次点击"变速"按钮和"常规变速"按钮，如图 11-8 所示。

步骤 02　❶设置"变速"参数为 0.5x；❷选中"智能补帧"复选框；❸点击☑按钮，

确认操作，如图 11-9 所示。

图 11-8　选择素材并变速

图 11-9　设置变速参数并选中补帧

步骤 03 弹出进度提示对话框，如图 11-10 所示。

步骤 04 生成慢动作之后，点击"添加音频"按钮，如图 11-11 所示。

步骤 05 在弹出的二级工具栏中，点击"音乐"按钮，如图 11-12 所示。

图 11-10　弹出进度提示对话框　图 11-11　点击"添加音频"按钮　图 11-12　点击"音乐"按钮

步骤 06 在"添加音乐"界面中，选择"国风"选项卡，如图 11-13 所示。

步骤 07 点击所选音乐右侧的"使用"按钮，添加音乐，如图 11-14 所示。

步骤 08 ❶选择音频素材；❷拖曳时间轴至视频的末尾位置；❸点击"分割"按钮，分割音频；❹默认选择第 2 段音频，点击"删除"按钮，如图 11-15 所示。

图 11-13　选择"国风"选项卡

图 11-14　添加音乐

图 11-15　分割并删除音频

103　调整比例和设置背景

【效果展示】在手机中播放视频，竖版视频是最合适的浏览样式，但有时视频边缘会出现黑边，可以通过添加合适的背景让画面更加美观，效果如图11-16所示。

案例效果　　教学视频

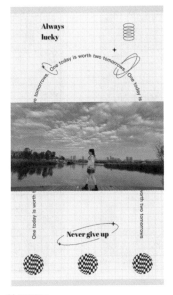

图 11-16　效果展示

【**操作步骤**】下面介绍具体操作方法。

步骤 **01** ▶ 在剪映 App 中导入素材，点击"比例"按钮，如图 11-17 所示。

步骤 **02** ▶ 选择 9:16 选项，让横版视频变成竖版视频，如图 11-18 所示。

图 11-17　点击"比例"按钮

图 11-18　设置竖版视频

步骤 **03** ▶ 返回上一级工具栏，点击"背景"按钮，如图 11-19 所示。

步骤 **04** ▶ 在二级工具栏，点击"画布样式"按钮，如图 11-20 所示。

步骤 **05** ▶ 在"画布样式"面板中，选择一个样式，更改背景，如图 11-21 所示。

图 11-19　点击"背景"按钮　　图 11-20　点击"画布样式"按钮　　图 11-21　选择画布样式

104　编辑旋转和调整画面

【**效果展示**】如果视频画面倾斜，可以在剪映App中利用视频编辑功能进行调整，让视频画面变得工整起来，具有形式美，效果如图11-22所示。

案例效果　　教学视频

图 11-22　效果展示

【**操作步骤**】下面介绍具体操作方法。

步骤 01 在剪映 App 中导入素材，❶选择素材；❷点击"编辑"按钮，如图 11-23 所示。

步骤 02 在二级工具栏中，点击"镜像"按钮，翻转画面，如图 11-24 所示。

步骤 03 连续点击"旋转"按钮两次，让画面倒转过来，如图 11-25 所示。

图 11-23　选择素材并编辑　　图 11-24　点击"镜像"按钮　　图 11-25　点击"旋转"按钮

105 为片段之间设置转场

【效果展示】在两段视频之间设置转场的方法很简单，在剪映App中导入两段素材，然后在素材之间添加转场即可，效果如图11-26所示。

案例效果

教学视频

图 11-26　效果展示

【操作步骤】下面介绍具体操作方法。

步骤 01　在剪映 App 中依次导入两段素材，❶选择第 1 段素材；❷点击"音频分离"按钮，把背景音乐提取出来，如图 11-27 所示。

步骤 02　设置第 1 段素材的时长为 3.9s，如图 11-28 所示。

图 11-27　选择素材并提取音乐

图 11-28　设置素材的时长

步骤 03　点击第 1 段素材与第 2 段素材之间的转场按钮 ，如图 11-29 所示。

步骤 04　进入"转场"面板，❶切换至"运镜"选项卡；❷选择"拉远"运镜；❸点击

✓按钮，确认操作，如图 11-30 所示。

步骤 05 微微调整音频素材的时长，使其对齐视频的末尾位置，如图 11-31 所示。

图 11-29　点击转场按钮　　图 11-30　设置转场运镜　　图 11-31　调整音频素材的时长

106 给画面添加标题字幕

【效果展示】添加标题字幕，可以让观众明白视频的主题和了解画面中的内容，字幕的样式可以设置，让文字更加生动美观，效果如图11-32所示。

案例效果　　教学视频

图 11-32　效果展示

【操作步骤】下面介绍具体操作方法。

步骤 01 在剪映 App 中导入素材，点击"文字"按钮，如图 11-33 所示。

步骤 02 在弹出的二级工具栏中，点击"新建文本"按钮，如图 11-34 所示。

图 11-33　点击"文字"按钮

图 11-34　点击"新建文本"按钮

步骤 03 ❶输入文字内容；❷点击✕按钮，确认输入，如图 11-35 所示。

步骤 04 在"书法"选项区中，选择合适的字体，如图 11-36 所示。

步骤 05 ❶切换至"花字"选项卡；❷选择一个花字样式，如图 11-37 所示。

图 11-35　输入文字并确认

图 11-36　选择合适字体

图 11-37　选择花字样式

步骤 06 ❶切换至"样式"选项卡；❷设置"字号"为 20，如图 11-38 所示。

步骤 07 放大文字之后，❶切换至"动画"选项卡；❷选择"向左露出"入场动画；❸设置动画时长为 2.0s，如图 11-39 所示。

步骤 08 ❶在"出场"选项区中，选择"渐隐"动画；❷点击✔按钮，如图 11-40 所示。

图 11-38 设置字号

图 11-39 选择动画并设置时长

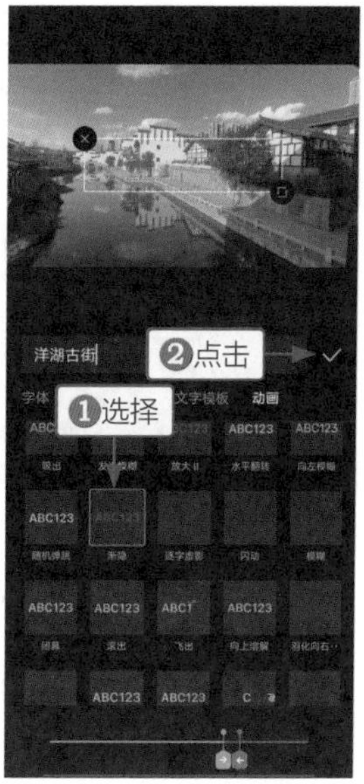

图 11-40 选择"渐隐"动画

步骤 09 调整文字素材的时长，对齐视频的时长，如图 11-41 所示。

步骤 10 在视频 4s 的位置，点击"添加贴纸"按钮，如图 11-42 所示。

步骤 11 ❶切换至"闪闪"选项卡；❷选择一款贴纸样式，如图 11-43 所示。

图 11-41 调整文字素材的时长

图 11-42 点击"添加贴纸"按钮

图 11-43 选择贴纸

步骤 12 在"闪闪"贴纸的后面，点击"添加贴纸"按钮，如图 11-44 所示。

步骤 13 ❶切换至"自然元素"选项卡；❷选择彩虹贴纸，如图 11-45 所示。

步骤 14 调整第 2 段贴纸的时长，使其末端对齐视频的末端，如图 11-46 所示。

图 11-44　点击"添加贴纸"按钮　　　图 11-45　选择彩虹贴纸　　　图 11-46　调整贴纸时长

107　倒放素材让时光倒流

【效果展示】在剪映App中可以对视频进行防抖处理，让画面显得更加稳定，还可以倒放素材，让前行的车辆后退，实现时光倒流的场景，效果如图11-47所示。

案例效果　　　教学视频

图 11-47　效果展示

【操作步骤】下面介绍具体操作方法。

步骤 01　在剪映 App 中导入素材，❶选择视频素材；❷点击"防抖"按钮，如图 11-48 所示。

步骤 02　❶在"防抖"面板中，设置防抖程度为"裁切最少"；❷点击✔按钮，确认操作，如图 11-49 所示。

图 11-48　点击"防抖"按钮

图 11-49　设置防抖程度

步骤 03 点击"倒放"按钮，如图 11-50 所示。

步骤 04 界面中弹出倒放进度提示对话框，如图 11-51 所示。

步骤 05 倒放效果制作完成，为视频添加合适的背景音乐，如图 11-52 所示。

图 11-50　点击"倒放"按钮

图 11-51　倒放进度提示

图 11-52　添加背景音乐

108 去除原声添加新音乐

【效果展示】视频在拍摄完成之后，大部分都会有杂音，在剪映中可以关闭原声，并为其添加新的背景音乐，效果如图11-53所示。

案例效果　教学视频

图 11-53　效果展示

【操作步骤】下面介绍具体操作方法。

步骤01 在剪映 App 中导入素材，❶选择视频素材；❷点击"关闭原声"按钮，如图 11-54 所示。

步骤02 关闭原声之后，点击"音频"按钮，如图 11-55 所示。

图 11-54　关闭视频素材原声　　　　图 11-55　点击"音频"按钮

步骤03 在弹出的二级工具栏中，点击"音乐"按钮，如图 11-56 所示。

步骤04 在"添加音乐"界面中，点击搜索栏，如图 11-57 所示。

步骤05 ❶输入音乐名称并搜索；❷点击所选音乐右侧的"使用"按钮，如图 11-58

所示。点亮音乐右侧的 ☆ 按钮可以收藏音乐，当再次使用音乐时，可在"收藏"选项
卡中找到。

图 11-56　点击"音乐"按钮　　　图 11-57　点击搜索栏　　　图 11-58　搜索并使用音乐

步骤 06 在视频末尾位置分割音频素材，点击"删除"按钮，删除多余音频，如图 11-59
所示。

步骤 07 ❶选择音频；❷点击"淡化"按钮，如图 11-60 所示。

步骤 08 设置"淡入时长"为 0.5s，让音乐开始得自然些，如图 11-61 所示。

图 11-59　删除多余音频　　　图 11-60　选择并淡化音频　　　图 11-61　设置音频淡入时长

109 导出高清画质的视频

【效果展示】如果想让视频画质变得高清，可以通过调色让画面色彩变得通透一些，还可以在视频导出的时候，设置高分辨率和高帧率的选项，调节前后的对比效果，如图 11-62 所示。

案例效果

教学视频

图 11-62　效果展示

【操作步骤】下面介绍具体操作方法。

步骤 01 在剪映 App 中导入素材，❶选择视频素材；❷点击"调节"按钮，如图 11-63 所示。

步骤 02 ❶选择"对比度"选项；❷设置参数为 15，让画面更清晰一些，如图 11-64 所示。

图 11-63　点击"调节"按钮　　　　图 11-64　设置"对比度"参数

步骤 03 ❶设置"饱和度"参数为 5，提升画面色彩饱和度；❷点击 ✓ 按钮，确认操作，如图 11-65 所示。

步骤 04 点击"设置封面"按钮，如图 11-66 所示。

步骤 05 ❶向右滑动选择封面；❷点击"封面模板"按钮，如图 11-67 所示。

图 11-65　设置"饱和度"参数　　图 11-66　点击"设置封面"按钮　　图 11-67　设置封面模板

步骤 06 ❶切换至 VLOG 选项卡；❷选择一个模板，如图 11-68 所示。

步骤 07 ❶双击画面中的文字；❷更改文字内容；❸点击"保存"按钮保存封面，如图 11-69 所示。

步骤 08 点击 1080P 按钮，❶设置"分辨率"和"帧率"参数；❷点击"导出"按钮，导出高清画质的视频，如图 11-70 所示。

图 11-68　选择模板　　　图 11-69　设置文字样式　　　图 11-70　设置参数并导出

第 12 章
电影级调色技巧

对于电影和各种视频来说，调色的作用是非常重要的，不仅可以让画面更加赏心悦目，还能起到抒发情感的作用。在拍摄的过程中，可能由于光线、设备等原因，造成画面效果不理想，这时可以在剪映App中进行调色，剪映App中不但有不同的调色滤镜功能，还能为各种类型的视频进行风格化调色。

110　滤镜调色

【效果对比】在剪映App中添加滤镜可以快速调色，也可以利用调节功能调整画面色彩。添加"樱粉"滤镜可以让绿色的草和树木变成粉红色，非常梦幻，效果对比如图12-1所示。

案例效果　　　教学视频

图 12-1　效果对比

【操作步骤】下面介绍具体操作方法。

步骤 01 在剪映 App 中导入素材，点击"滤镜"按钮，如图 12-2 所示。

步骤 02 ❶在"滤镜"选项卡中，展开"风景"选项区；❷选择"樱粉"滤镜，进行初步调色，如图 12-3 所示。

图 12-2　点击"滤镜"按钮　　　　图 12-3　选择"樱粉"滤镜

步骤 03 ❶切换至"调节"选项卡；❷选择"对比度"选项；❸设置参数为 11，让画面更鲜明，轮廓更清晰，如图 12-4 所示。

步骤 04 设置"色温"参数为 7，微微让画面变得偏暖色一些，如图 12-5 所示。

步骤 05 在"调节"选项卡中，继续选择 HSL 选项，如图 12-6 所示。

图 12-4 设置"对比度"参数　图 12-5 设置"色温"参数　图 12-6 选择 HSL 选项

步骤 06 ❶选择洋红色选项⬤；❷设置"色相"参数为 -68，让整体色相偏紫粉色，如图 12-7 所示。

步骤 07 设置"饱和度"参数为 51，提升紫粉色的色彩饱和度，如图 12-8 所示。

步骤 08 设置"亮度"参数为 64，让紫粉色更亮一些，如图 12-9 所示。

图 12-7 设置"色相"参数　图 12-8 设置"饱和度"参数　图 12-9 设置"亮度"参数

111　色卡调色

【效果对比】色卡调色是一种比较特殊的调色技巧，这种调色方式比设置滤镜调色更加快捷方便。通过给视频添加橙色色卡，能够调出唯美橙黄夕阳色调，效果对比如图12-10所示。

案例效果　　教学视频

图 12-10　效果对比

【操作步骤】下面介绍具体操作方法。

步骤 01 在剪映 App 中导入素材，点击"画中画"按钮，如图 12-11 所示。

步骤 02 在弹出的二级工具栏中，点击"新增画中画"按钮，如图 12-12 所示。

图 12-11　点击"画中画"按钮　　　　图 12-12　点击"新增画中画"按钮

步骤 03 ❶在"照片视频"界面，展开"照片"选项区；❷选择色卡素材；❸点击"添加"按钮，如图 12-13 所示。

步骤 04 ❶调整色卡素材的画面大小；❷调整色卡素材的时长，使其对齐视频的时长；❸点击"混合模式"按钮，如图 12-14 所示。

步骤 05 ❶选择"正片叠底"选项；❷设置参数为 61，进行初步调色，如图 12-15 所示。

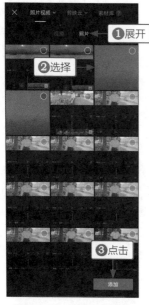

图 12-13　添加色卡素材

图 12-14　调整色卡素材

图 12-15　设置调色参数

步骤 06 ❶选择视频素材；❷点击"调节"按钮，如图 12-16 所示。

步骤 07 设置"饱和度"参数为 11，让画面色彩更鲜艳，如图 12-17 所示。

步骤 08 设置"色温"参数为 13，让画面白平衡再偏暖一些，如图 12-18 所示。

图 12-16　点击"调节"按钮

图 12-17　设置"饱和度"参数

图 12-18　设置"色温"参数

步骤 **09** 设置"色调"参数为 12，让画面更加偏暖色，如图 12-19 所示。

步骤 **10** 选择 HSL 选项，❶选择红色选项◎；❷设置"饱和度"参数为 28，让画面中的红色部分更鲜艳些，如图 12-20 所示。

步骤 **11** ❶选择橙色选项◎；❷设置"饱和度"参数为 24，让夕阳偏橙红色，如图 12-21 所示。

图 12-19　设置"色调"参数　　图 12-20　设置红色的饱和度参数　图 12-21　设置橙色的饱和度参数

112　蒙版和关键帧调色

【效果对比】运用蒙版和关键帧对视频进行调色，是一种高级的调色方法，它可以使调色"动"起来，制作出调色滑屏，效果对比如图12-22所示。

案例效果　　　教学视频

图 12-22　效果对比

【操作步骤】下面介绍具体操作方法。

步骤 01 在剪映 App 中导入两段同样的素材，❶选择第 1 段素材；❷点击"切画中画"按钮，如图 12-23 所示。

步骤 02 把素材切换至画中画轨道中，默认选择画中画轨道中的素材，点击"滤镜"按钮，如图 12-24 所示。

步骤 03 ❶展开"露营"选项区；❷选择"雾野"滤镜；❸设置参数为 100，如图 12-25 所示。

图 12-23　点击"切画中画"按钮　　图 12-24　点击"滤镜"按钮　　图 12-25　选择滤镜并设置参数

步骤 04 ❶切换至"调节"选项卡；❷设置"饱和度"参数为 24，让色彩更鲜艳一些，如图 12-26 所示。

步骤 05 设置"色温"参数为 -24，让天空和江水更蓝一些，如图 12-27 所示。

步骤 06 选择 HSL 选项，❶选择蓝色选项◯；❷设置"饱和度"参数为 11、"亮度"参数为 -21，突出画面中的蓝色；❸点击◯按钮，如图 12-28 所示。

步骤 07 ❶拖曳时间轴至视频的起始位置；❷在画中画轨道中素材的起始位置点击◈按钮，添加关键帧；❸点击"蒙版"按钮，如图 12-29 所示。

步骤 08 ❶选择"线性"蒙版；❷按照 -90° 方向旋转蒙版线，并使其处于画面的最左侧，如图 12-30 所示。

步骤 09 ❶拖曳时间轴至视频 5s 左右的位置；❷调整蒙版线的位置，使其处于画面的最右侧，制作从左至右滑屏的效果，如图 12-31 所示。

图 12-26　设置"饱和度"参数

图 12-27　设置"色温"参数

图 12-28　设置蓝色参数

图 12-29　添加关键帧和蒙版

图 12-30　旋转蒙版线

图 12-31　调整蒙版线的位置

专家提醒

　　在剪映App中还可以为滤镜添加关键帧，通过设置滤镜强度参数，让参数由小变大，或者由大变小，制作出色彩渐变的效果。

113 风光调色

【**效果对比**】对于晚霞风光，可以通过调色，让天空画面覆盖上粉紫色，使晚霞色彩更加艳丽，整体十分梦幻，仿佛童话中的天空一般，效果对比如图12-32所示。

案例效果

教学视频

图 12-32 效果对比

【**操作步骤**】下面介绍具体操作方法。

步骤 01 在剪映 App 中导入素材，❶选择素材；❷点击"滤镜"按钮，如图 12-33 所示。

步骤 02 ❶选择"橘光"风景滤镜；❷设置参数为 100，如图 12-34 所示。

步骤 03 让滤镜效果更明显，❶切换至"调节"选项卡；❷设置"光感"参数为 15，增加画面曝光，提亮画面，如图 12-35 所示。

图 12-33 点击"滤镜"按钮　　图 12-34 选择滤镜并设置参数　　图 12-35 设置"光感"参数

步骤 04 设置"饱和度"参数为 9，让色彩更鲜艳一些，如图 12-36 所示。

步骤 05 设置"色温"参数为 13，让夕阳偏暖色一些，如图 12-37 所示。

步骤 06 设置"色调"参数为 10，微微增加画面中的紫色，如图 12-38 所示。

图 12-36　设置"饱和度"参数　　图 12-37　设置"色温"参数　　图 12-38　设置"色调"参数

114　夜景调色

【效果对比】对于夜景视频，可以通过调色，把天空变成深青色，并增强画面的明暗对比度，让夜景画面更有质感，效果对比如图12-39所示。

案例效果　　教学视频

图 12-39　效果对比

【操作步骤】下面介绍具体操作方法。

步骤 01 在剪映 App 中导入素材，选择素材，点击"滤镜"按钮，❶展开"夜景"选项区；❷选择"橙蓝"滤镜，初步调色，如图 12-40 所示。

步骤 02 ❶切换至"调节"选项卡；❷选择"曲线"选项，如图 12-41 所示。

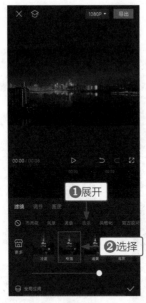
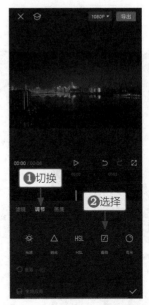

图 12-40　选择"橙蓝"滤镜　　　　　图 12-41　选择"曲线"选项

步骤 03 ❶选择蓝色选项◯；❷向下拖曳蓝色曲线，让画面偏蓝一些，曲线点坐标，如图 12-42 所示。

步骤 04 向下拖曳红色曲线，使画面偏青色，曲线点坐标，如图 12-43 所示。

步骤 05 设置"对比度"参数为 9，增强画面的明暗对比，如图 12-44 所示。

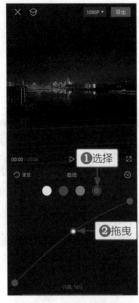
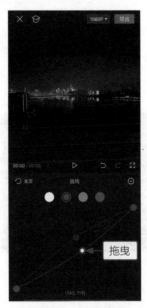
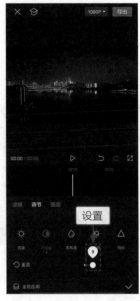

图 12-42　拖曳蓝色曲线　　　　图 12-43　拖曳红色曲线　　　　图 12-44　设置"对比度"参数

115　人像调色

【效果对比】在剪映App中设有美颜美体功能，可以对视频中的人像进行美白和瘦身等处理，让人物的状态变得更好，效果对比如图12-45所示。

案例效果　　　教学视频

图 12-45　效果对比

【操作步骤】下面介绍具体操作方法。

步骤 01 在剪映 App 中导入素材，❶选择素材；❷点击"美颜美体"按钮，如图 12-46 所示。

步骤 02 在弹出的二级工具栏中，点击"美颜"按钮，如图 12-47 所示。

图 12-46　点击"美颜美体"按钮　　　图 12-47　点击"美颜"按钮

步骤 03 ❶选择"美白"选项；❷设置参数为 100，美白皮肤，如图 12-48 所示。

步骤 04 ❶选择"磨皮"选项；❷设置参数为 48，细化毛孔，如图 12-49 所示。

步骤 05 回到二级工具栏，点击"滤镜"按钮，❶展开"人像"选项区；❷选择"冷白"滤镜，如图 12-50 所示。

图 12-48　设置"美白"参数　　图 12-49　设置"磨皮"参数　　图 12-50　选择"冷白"滤镜

步骤 06 ❶切换至"调节"选项卡；❷设置"饱和度"参数为 5，让画面整体色彩鲜艳一些，提升人物的气色，如图 12-51 所示。

步骤 07 选择 HSL 选项，❶选择蓝色选项◯；❷设置"饱和度"参数为 42，让天空更蓝一些；❸点击◯按钮，确认操作，如图 12-52 所示。

步骤 08 设置"光感"参数为 10，提亮画面，如图 12-53 所示。

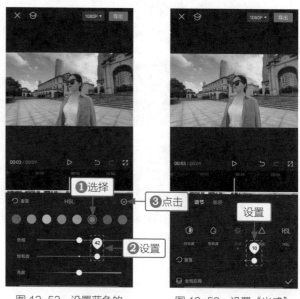

图 12-51　设置画面整体　　图 12-52　设置蓝色的　　图 12-53　设置"光感"
　　"饱和度"参数　　　　　　"饱和度"参数　　　　　　参数

116 ｜ 食物调色

【效果对比】对食物进行调色，目的是让食物看起来更加诱人，让人垂涎欲滴，所以在调色上，需要把色彩往偏金黄色的方向调整，效果对比如图12-54所示。

案例效果　　教学视频

图 12-54　效果对比

【操作步骤】下面介绍具体操作方法。

步骤 01 在剪映 App 中导入素材，❶选择视频素材；❷点击"滤镜"按钮，如图 12-55 所示。

步骤 02 ❶展开"美食"选项区；❷选择"轻食"滤镜，如图 12-56 所示。

图 12-55　点击"滤镜"按钮　　　　图 12-56　选择"轻食"滤镜

步骤 03 ❶切换至"调节"选项卡；❷设置"饱和度"参数为 10，让画面色彩变得鲜艳一些，如图 12-57 所示。

步骤 04 设置"对比度"参数为 11，增强轮廓，让画面更清晰，如图 12-58 所示。

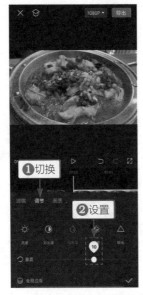

图 12-57　设置"饱和度"参数　　　　图 12-58　设置"对比度"参数

步骤 05 设置"色温"参数为 8，让画面偏暖色，如图 12-59 所示。

步骤 06 设置"高光"参数为 -12，降低亮部区域的亮度，如图 12-60 所示。

步骤 07 选择 HSL 选项，❶选择橙色选项◯；❷设置"色相"参数为 -25、"饱和度"参数为 11，让食物变得金黄一些，如图 12-61 所示。

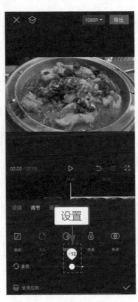

图 12-59　设置"色温"参数　　图 12-60　设置"高光"参数　　图 12-61　设置橙色参数

117　Vlog 调色

【效果对比】在Vlog调色中，需要先判断视频的类型，不同风格的Vlog有不同的调色需求，比如对于小清新风格的Vlog，可以让色调偏清透、明亮一些，效果对比如图12-62所示。

案例效果　　教学视频

图 12-62　效果对比

【操作步骤】下面介绍具体操作方法。

步骤 01 在剪映 App 中导入素材，❶选择视频素材；❷点击"调节"按钮，如图 12-63 所示。

步骤 02 设置"亮度"参数为 12，让画面更亮一些，如图 12-64 所示。

图 12-63　点击"调节"按钮　　　　图 12-64　设置"亮度"参数

步骤 03 设置"饱和度"参数为 14，让画面色彩更加鲜艳，如图 12-65 所示。

步骤 04 设置"对比度"参数为 10，增强画面色彩明暗对比度，如图 12-66 所示。

图 12-65　设置"饱和度"参数

图 12-66　设置"对比度"参数

步骤 05 ❶切换至"滤镜"选项卡；❷选择"净白"基础滤镜，如图 12-67 所示。

步骤 06 回到一级工具栏，点击"滤镜"按钮，如图 12-68 所示。

步骤 07 选择"绿妍"风景滤镜，叠加滤镜，让画面更清透，如图 12-69 所示。

图 12-67　选择"净白"滤镜

图 12-68　点击"滤镜"按钮

图 12-69　选择"绿妍"滤镜

步骤 08 在一级工具栏中，点击"贴纸"按钮，如图 12-70 所示。

步骤 09 ❶在搜索栏中输入"手写字"；❷选择"春天来了"贴纸；❸调整贴纸的位置，使其处于画面的左上角，让画面更有氛围感，如图 12-71 所示。

步骤 10 调整贴纸的时长，使其对齐视频的时长，如图 12-72 所示。

图 12-70　点击"贴纸"按钮　　图 12-71　选择并调整贴纸　　图 12-72　调整贴纸的时长

118　电影风格调色

【效果对比】如果想让普通的视频画面具有电影感，可以在剪映App中进行调色，除了能调出电影风格的青橙色调之外，还可以为视频添加文字和电影画幅，效果对比如图12-73所示。

案例效果

教学视频

图 12-73　效果对比

【操作步骤】下面介绍具体操作方法。

步骤 01 在剪映 App 中导入素材，❶选择视频素材；❷点击"滤镜"按钮，如图 12-74 所示。

步骤 02 ❶展开"影视级"选项区；❷选择"青橙"滤镜，初步调色，如图 12-75 所示。

图 12-74　点击"滤镜"按钮

图 12-75　选择"青橙"滤镜

步骤 03 ❶切换至"调节"选项卡；❷设置"光感"参数为 21，提亮画面，如图 12-76 所示。

步骤 04 设置"饱和度"参数为 7，微微增加画面色彩饱和度，如图 12-77 所示。

图 12-76　设置"光感"参数

图 12-77　设置"饱和度"参数

步骤 05 选择 HSL 选项，❶选择橙色选项〇；❷设置"色相"参数为 −27、"饱和度"参数为 26，让橙色部分更显眼，如图 12-78 所示。

步骤 06 ❶选择青色选项〇；❷设置"饱和度"参数为 36、"亮度"参数为 −35，微微调整画面中青色部分的色彩，部分参数如图 12-79 所示。

图 12-78　设置橙色参数

图 12-79　设置青色参数

步骤 07 回到一级工具栏，点击"特效"按钮，如图 12-80 所示。

步骤 08 在弹出的二级工具栏中，点击"画面特效"按钮，如图 12-81 所示。

步骤 09 在"电影"选项卡中，选择"电影感画幅"特效，如图 12-82 所示。

图 12-80　点击"特效"按钮

图 12-81　点击"画面特效"按钮

图 12-82　选择"电影感画幅"特效

步骤 **10** 调整特效的时长，对齐视频的时长，如图 12-83 所示。

步骤 **11** 回到一级工具栏，在 2s 左右位置点击"文字"按钮，如图 12-84 所示。

图 12-83　调整特效的时长　　　　　　　　　　图 12-84　点击"文字"按钮

步骤 **12** 在弹出的二级工具栏中，点击"文字模板"按钮，如图 12-85 所示。

步骤 **13** ❶展开"片头标题"选项区；❷选择文字模板；❸调整文字的大小和位置，如图 12-86 所示。

步骤 **14** 调整文字素材的时长，使其对齐视频的末尾位置，如图 12-87 所示。

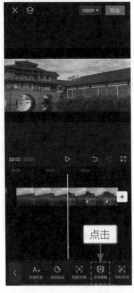

图 12-85　点击"文字模板"按钮　　图 12-86　调整文字的大小和位置　　图 12-87　调整文字素材时长

第 13 章

电影级特效技巧

本章要点

　　现在电影中的特效是很常见的，比如给下雪的画面添加雪花特效、在武打画面中给人物的功夫招式添加光特效，或者为了节约拍摄成本，利用抠像和特效素材合成画面等。在一些短视频中，也经常会看到有趣的特效，效果精彩程度堪比电影画面，这些都是通过视频剪辑软件制作的。

119 制作下雪特效

【**效果展示**】在剪映App中通过调色和添加雪花特效，就能制作下雪效果，让画面中的春天变成冬天，转换场景季节，节省拍摄的等待时间，效果如图13-1所示。

案例效果　　教学视频

图 13-1　效果展示

【**操作步骤**】下面介绍具体操作方法。

步骤 **01** 在剪映 App 中导入素材，❶选择素材；❷点击"调节"按钮，如图 13-2 所示。

步骤 **02** 选择 HSL 选项，设置 8 个颜色选项的"饱和度"参数都为 -100，让画面变成黑白色，部分参数如图 13-3 所示。

图 13-2　点击"调节"按钮　　　　　　图 13-3　设置"饱和度"参数

步骤 **03** 设置"光感"参数为 30，让画面变亮一些，如图 13-4 所示。

步骤 **04** ❶切换至"滤镜"选项卡；❷选择"褪色"黑白滤镜，让画面更加像冬天，如图 13-5 所示。

步骤 05 在视频起始位置，点击"特效"按钮，如图 13-6 所示。

图 13-4　设置"光感"参数　　图 13-5　选择"褪色"滤镜　　图 13-6　点击"特效"按钮

步骤 06 在弹出的二级工具栏中，点击"画面特效"按钮，如图 13-7 所示。

步骤 07 ❶切换至"自然"选项卡；❷选择"飘雪 Ⅱ"特效，如图 13-8 所示。

步骤 08 在视频起始位置，继续点击"画面特效"按钮，如图 13-9 所示。

图 13-7　点击"画面特效"按钮　　图 13-8　选择"飘雪 Ⅱ"特效　　图 13-9　继续点击"画面特效"
　　　　　　　　　　　　　　　　　　　　　　　　　　　　　　　　　　　　　按钮

步骤 09 选择"大雪纷飞"自然特效，叠加雪花特效，如图 13-10 所示。

步骤 10 ❶调整两段特效的时长，并选择"大雪纷飞"特效；❷点击"调整参数"按钮，如图 13-11 所示。

步骤 11 设置"速度"参数为 10，让雪花掉落的速度慢一些，如图 13-12 所示。

图 13-10　选择"大雪纷飞"特效　　图 13-11　选择并调整特效参数　　图 13-12　设置"速度"参数

120　背景发光特效

【效果展示】在剪映App中，除了可以添加画面特效，还可以添加人物特效，例如为人物添加环绕或者装饰等背景特效，使画面更加丰富和有趣，效果如图13-13所示。

案例效果　　教学视频

图 13-13　效果展示

【操作步骤】下面介绍具体操作方法。

步骤 01 在剪映 App 中导入素材，点击"特效"按钮，如图 13-14 所示。

步骤 02 在弹出的二级工具栏中，点击"人物特效"按钮，如图 13-15 所示。

图 13-14　点击"特效"按钮

图 13-15　点击"人物特效"按钮

步骤 03 ❶切换至"装饰"选项卡；❷选择"背景氛围Ⅱ"特效；❸点击✓按钮，确认操作，如图 13-16 所示。

步骤 04 在视频 1s 左右的位置，点击"人物特效"按钮，如图 13-17 所示。

步骤 05 在"环绕"选项卡中，选择"萤火"特效，叠加特效，如图 13-18 所示。

图 13-16　选择"背景氛围Ⅱ"
特效

图 13-17　点击"人物特效"
按钮

图 13-18　选择"萤火"
特效

121 绿幕抠图特效

【效果展示】绿幕素材可以应用在任何视频中，通过在剪映App中进行色度抠图处理，就可以将红帘绿幕素材用在适配的视频中，制作谢幕特效，效果如图13-19所示。

案例效果　　　　教学视频

图13-19　效果展示

【操作步骤】下面介绍具体操作方法。

步骤01▶ 在剪映 App 中导入素材，点击"画中画"按钮，如图 13-20 所示。

步骤02▶ 在弹出的二级工具栏中，点击"新增画中画"按钮，如图 13-21 所示。

图13-20　点击"画中画"按钮　　　　图13-21　点击"新增画中画"按钮

步骤03▶ ❶在"照片视频"界面中，选择绿幕素材；❷选中"高清"复选框；❸点击"添加"按钮，添加绿幕素材，如图 13-22 所示。

步骤04▶ ❶调整绿幕素材的轨道位置，使其末端对齐视频的末尾位置；❷调整绿幕素材的画面大小；❸点击"抠像"按钮，如图 13-23 所示。

步骤 05 在弹出的工具栏中，点击"色度抠图"按钮，如图 13-24 所示。

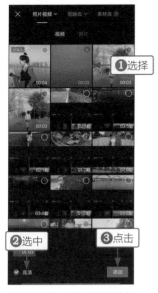

图 13-22　添加绿幕素材　　　　图 13-23　调整绿幕并抠像　　　　图 13-24　点击"色度抠图"按钮

步骤 06 拖曳取色器圆环，在画面中取样绿幕的颜色，如图 13-25 所示。

步骤 07 ❶选择"强度"选项；❷设置参数为 100，抠除绿幕，如图 13-26 所示。

步骤 08 ❶选择"阴影"选项；❷设置参数为 44，增加阴影，如图 13-27 所示。

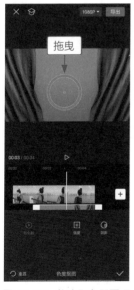

图 13-25　拖曳取色器圆环　　　　图 13-26　设置"强度"参数　　　　图 13-27　设置"阴影"参数

步骤 09 在 3s 左右位置，点击"文字模板"按钮，如图 13-28 所示。

步骤 10 ❶展开"片尾谢幕"选项区；❷选择一款文字模板，如图 13-29 所示。

步骤 11 调整文字素材的时长，使其对齐视频的末尾位置，如图 13-30 所示。

图 13-28　点击"文字模板"按钮　　图 13-29　选择文字模板　　图 13-30　调整文字素材的时长

122　人物出招特效

【效果展示】在武侠片里经常会看到人物出招的场景，其中最经典的是击水、劈水，用剑一挥或者一劈，水面立刻激起水花，从而展现主角的高强武艺，这些都是通过特效制作实现的，如图13-31所示。

案例效果　　教学视频

图 13-31　效果展示

【操作步骤】下面介绍具体操作方法。

步骤 01 导入人物挥剑发功的素材，点击"画中画"按钮，如图 13-32 所示。

步骤 02 在弹出的二级工具栏中，点击"新增画中画"按钮，如图 13-33 所示。

步骤 03 在"照片视频"界面中，添加特效素材，如图 13-34 所示。

图 13-32　点击"画中画"按钮　图 13-33　点击"新增画中画"按钮　图 13-34　添加特效素材

步骤 04　❶调整素材的轨道位置；❷点击"混合模式"按钮，如图 13-35 所示。

步骤 05　❶选择"滤色"选项；❷调整特效素材的画面位置，如图 13-36 所示。

步骤 06　添加击水特效后，在视频起始位置，点击"特效"按钮，如图 13-37 所示。

图 13-35　点击"混合模式"按钮　图 13-36　调整素材的画面位置　图 13-37　点击"特效"按钮

步骤 07　在弹出的二级工具栏中，点击"画面特效"按钮，如图 13-38 所示。

步骤 08　❶切换至"氛围"选项卡；❷选择"蝴蝶"特效，如图 13-39 所示。

步骤 **09** 调整"蝴蝶"特效的时长，使其末端处于视频 4s 左右的位置，让画面中的人物在运功之前有蝴蝶围绕的效果，如图 13-40 所示。

图 13-38　点击"画面特效"按钮　　图 13-39　选择"蝴蝶"特效　　图 13-40　调整特效的时长

> **专家提醒**
>
> 在剪映App的素材库选项卡中有许多特效素材，用户可以按照选项区进行查找，也可以输入特效素材的关键词，进行搜索查找。

123　神仙进场特效

【效果展示】在很多仙侠剧中，神仙进场时都会伴随着光效，消失移动的时候也会化成光，并且在一瞬间出现在下一个场景中，效果如图13-41所示。

案例效果　　　教学视频

【操作步骤】下面介绍具体操作方法。

步骤 **01** 在剪映 App 中，依次导入人物转圈的视频、3 段空镜头素材和人物起跳落地的视频，点击第 1 段素材与第 2 段素材之间的转场按钮 ⏐，如图 13-42 所示。

步骤 **02** 在"热门"选项卡中，选择"叠化"转场，如图 13-43 所示。

步骤 **03** 在第 1 段素材中间的位置，点击"画中画"按钮，如图 13-44 所示。

图 13-41　效果展示

图 13-42　点击转场按钮

图 13-43　选择"叠化"转场

图 13-44　点击"画中画"按钮

步骤 04　在弹出的二级工具栏中，点击"新增画中画"按钮，如图 13-45 所示。

步骤 05　在"照片视频"界面中，添加第 1 段特效素材，如图 13-46 所示。

步骤 06　❶调整特效素材的轨道位置，使其末端对齐第 2 段素材的末尾位置；❷调整特效素材的画面大小；❸点击"混合模式"按钮，如图 13-47 所示。

步骤 07　选择"滤色"选项，把特效抠出来，如图 13-48 所示。

步骤 08　再用与上面同样的方法，在第 3 段素材的起始位置添加第 2 段特效素材，设置

"滤色"混合模式，调整画面大小，如图 13-49 所示。

步骤 **09** 在第 4 段素材的起始位置添加第 3 段特效素材，设置"滤色"混合模式，调整画面大小，制作神仙进场的奇幻画面，如图 13-50 所示。

 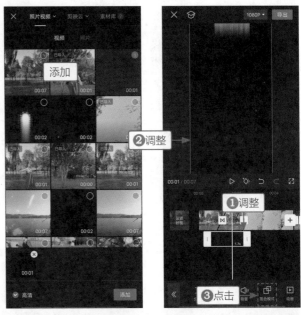

图 13-45　点击"新增画中画"按钮　图 13-46　添加第 1 段特效素材　图 13-47　点击"混合模式"按钮

图 13-48　选择"滤色"选项　图 13-49　设置第 2 段特效素材　图 13-50　设置第 3 段特效素材

步骤 10 在视频起始位置，依次点击"音频"按钮和"提取音乐"按钮，如图 13-51 所示。

步骤 11 ❶选择要提取音乐的视频；❷点击"仅导入视频的声音"按钮，如图 13-52 所示。

步骤 12 添加背景音乐后，调整音频素材的时长，使其末端对齐视频的末尾位置，如图 13-53 所示。

图 13-51　点击"提取音乐"按钮　　　图 13-52　提取视频音乐　　　图 13-53　调整音频素材的时长

通过提取音乐功能，可以直接添加所选视频中的背景音乐。

124　呼唤鲸鱼特效

【效果展示】在剪映App中，通过设置混合模式，可以把鲸鱼素材合成在画面中，产生人物呼唤出鲸鱼的神奇画面，非常奇幻和浪漫，效果如图13-54所示。

案例效果　　教学视频

【操作步骤】下面介绍具体操作方法。

步骤 01 在剪映 App 中，导入人物张开手臂呼唤的视频，点击"画中画"按钮，如图 13-55 所示。

步骤 02 在弹出的二级工具栏中，点击"新增画中画"按钮，如图 13-56 所示。

步骤 03 在"照片视频"界面中，添加鲸鱼特效素材，如图 13-57 所示。

图 13-54　效果展示

图 13-55　点击"画中画"按钮　　图 13-56　点击"新增画中画"　　图 13-57　添加鲸鱼特效素材
　　　　　　　　　　　　　　　　　　　　　按钮

步骤 04 ❶调整鲸鱼特效素材的轨道位置，使其末端对齐视频的末尾位置；❷点击"混合模式"按钮，如图 13-58 所示。

步骤 05 ❶选择"滤色"选项，抠出鲸鱼；❷调整鲸鱼素材的画面大小和位置，对齐人物呼唤的位置，如图 13-59 所示。

步骤 06 在视频起始位置，点击"滤镜"按钮，如图 13-60 所示。

图 13-58　点击"混合模式"按钮

图 13-59　调整素材大小和位置

图 13-60　点击"滤镜"按钮

步骤 07 ❶展开"黑白"选项区；❷选择"默片"滤镜；❸设置参数为 100，如图 13-61 所示。

步骤 08 调整"默片"滤镜的时长，使其末端对齐鲸鱼素材的起始位置，如图 13-62 所示。

步骤 09 在"默片"滤镜的后面，添加"淡奶油"室内滤镜，并调整其时长，如图 13-63 所示。

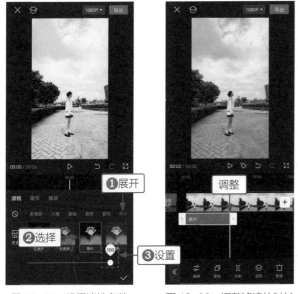
图 13-61　设置滤镜参数　　　　图 13-62　调整滤镜的时长

图 13-63　添加"淡奶油"滤镜

步骤 10 在视频起始位置，点击"特效"按钮，如图 13-64 所示。

步骤 11 ▶ 在弹出的二级工具栏中，点击"画面特效"按钮，如图 13-65 所示。

图 13-64　点击"特效"按钮　　　　　图 13-65　点击"画面特效"按钮

步骤 12 ▶ ❶切换至"暗黑"选项卡；❷选择"黑羽毛Ⅱ"特效，如图 13-66 所示。

步骤 13 ▶ 调整"黑羽毛Ⅱ"特效的时长，对齐鲸鱼素材起始位置，如图 13-67 所示。

步骤 14 ▶ 在"黑羽毛Ⅱ"特效的后面，添加"星火Ⅱ"氛围特效，添加多段特效，让画面前后形成反差，氛围感更加浓厚，如图 13-68 所示。

图 13-66　选择"黑羽毛Ⅱ"特效　　图 13-67　调整特效时长　　图 13-68　添加"星火Ⅱ"特效

演员表

红泥 清水
方路达 火火
河源 彩艳
刘梅梅 柱子
今其 言都度

第 14 章

电影感片头片尾

本章要点

　　在电影中，一些有特色的片头片尾不仅加深了观众对电影的印象，还能提升观众对于片头片尾的审美，甚至可以提升电影的知名度，使其风靡全球。一段完整的视频，会有片头和片尾，本章将为大家介绍如何利用剪映App为视频制作出有电影感的片头片尾，让观众快速记住视频，从而打造出专属视频风格。

125 复古胶片片头

【效果展示】复古胶片片头适合用在具有怀旧和历史感的视频中，片头风格的灵感来源于20世纪80年代我国台湾地区的电影，充满复古感，效果如图14-1所示。

案例效果

教学视频

图 14-1　效果展示

【操作步骤】下面介绍具体操作方法。

步骤 01 ❶在剪映 App 中，切换至"素材库"选项卡；❷在"热门"选项区中，添加一段白场素材，如图 14-2 所示。

步骤 02 ❶设置白场素材的时长为 5s；❷在素材起始位置，依次点击"特效"按钮和"画面特效"按钮，如图 14-3 所示。

图 14-2　添加白场素材

图 14-3　点击"画面特效"按钮

步骤 03 ❶切换至"复古"选项卡；❷选择"胶片Ⅲ"特效，如图 14-4 所示。

步骤 04 继续添加"窗格光"投影特效和"老照片"纹理特效，并调整 3 段特效的时长，使其对齐视频的时长，如图 14-5 所示。

步骤 05 在起始位置，依次点击"文字"按钮和"新建文本"按钮，如图 14-6 所示。

 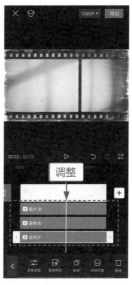 

图 14-4　选择"胶片Ⅲ"特效　　图 14-5　调整 3 段特效的时长　　图 14-6　点击"新建文本"按钮

步骤 06 ❶输入文字；❷在"手写"选项区中，选择字体样式，如图 14-7 所示。

步骤 07 ❶切换至"样式"选项卡；❷选择一个文字样式，如图 14-8 所示。

步骤 08 ❶切换至"动画"选项卡；❷选择"打字机Ⅱ"入场动画；❸设置动画时长为 2.5s，如图 14-9 所示。

图 14-7　输入文字并设置字体　　图 14-8　选择文字样式　　图 14-9　选择动画并设置时长

步骤 09 ▶ 调整文字素材的时长，使其对齐视频的时长，如图 14-10 所示。

步骤 10 ▶ 在起始位置，依次点击"音频"按钮和"音效"按钮，如图 14-11 所示。

步骤 11 ▶ 点击"胶卷过卷声"机械音效右侧的"使用"按钮，如图 14-12 所示。

图 14-10　调整文字素材　　图 14-11　点击"音效"按钮　　图 14-12　使用音效

步骤 12 ▶ 添加音频，点击"音乐"按钮，选择"治愈"选项卡，如图 14-13 所示。

步骤 13 ▶ 点击所选音乐右侧的"使用"按钮，添加背景音乐，如图 14-14 所示。

步骤 14 ▶ 调整音频素材的时长，使其对齐视频的时长，如图 14-15 所示。

图 14-13　选择"治愈"选项卡　　图 14-14　点击"使用"按钮　　图 14-15　调整音频的时长

126　冲击波炫酷片头

【效果展示】在大部分好莱坞科幻电影中，片头的特效都充满各种光电效果，是非常精彩的，如果想在视频中制作同款片头，可以在剪映中找到相应素材并添加特效，让片头产生冲击感，效果如图14-16所示。

案例效果　　教学视频

图 14-16　效果展示

【操作步骤】下面介绍具体操作方法。

步骤 01 ▶ 在剪映 App 的"素材库"选项卡中添加黑场素材，依次点击"文字"按钮和"新建文本"按钮，如图 14-17 所示。

步骤 02 ▶ ❶输入文字内容；❷在"基础"选项区中选择合适的字体，如图 14-18 所示。

图 14-17　点击"新建文本"按钮

图 14-18　输入文字并设置字体

步骤 03 ▶ ❶切换至"样式"选项卡；❷在"排列"选项区中，设置"字间距"参数为 1，如图 14-19 所示。

步骤 04 ❶切换至"动画"选项卡；❷选择"羽化向右擦开"入场动画；❸设置动画时长为 2.5s，如图 14-20 所示。设置完成，点击"导出"按钮，导出文字素材。

步骤 05 新建草稿，依次添加特效素材和文字素材，❶选择特效素材；❷点击"切画中画"按钮，如图 14-21 所示。

图 14-19　设置"字间距"参数

图 14-20　设置入场动画

图 14-21　点击"切画中画"按钮

步骤 06 把素材切换至画中画轨道中，点击"混合模式"按钮，如图 14-22 所示。

步骤 07 选择"滤色"选项，把特效抠出来，如图 14-23 所示。

步骤 08 依次点击"变速"按钮和"常规变速"按钮，如图 14-24 所示。

图 14-22　点击"混合模式"按钮

图 14-23　选择"滤色"选项

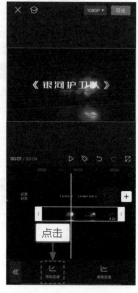
图 14-24　点击"常规变速"按钮

步骤 09 设置"变速"参数为 1.5x，加快特效素材的播放速度，如图 14-25 所示。

步骤 10 在起始处，依次点击"特效"按钮和"画面特效"按钮，如图 14-26 所示。

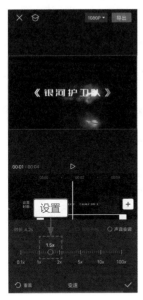

图 14-25　设置"变速"参数

图 14-26　点击"画面特效"按钮

步骤 11 ❶切换至"动感"选项卡；❷选择"幻彩故障"特效，如图 14-27 所示。

步骤 12 继续添加"边缘 glitch"动感特效和"荧幕噪点"复古特效，如图 14-28 所示。

图 14-27　选择"幻彩故障"特效

图 14-28　添加两段特效

127 制作定格片尾

【**效果展示**】通过定格画面制作老照片效果，然后添加动态的谢幕词，就可以制作定格片尾，效果如图14-29所示。

案例效果

教学视频

图 14-29　效果展示

【**操作步骤**】下面介绍具体操作方法。

步骤 01 在剪映 App 中导入素材，❶选择素材；❷在素材末尾位置点击"定格"按钮，定格画面，如图 14-30 所示。

步骤 02 调整定格素材的时长为 6s，如图 14-31 所示。

图 14-30　定格素材画面

图 14-31　调整定格素材的时长

步骤 03 在起始位置，点击"音频"按钮和"提取音乐"按钮，如图 14-32 所示。

步骤 04 ❶选择要导入音乐的视频；❷点击"仅导入视频的声音"按钮，添加背景音乐，如图 14-33 所示。

图 14-32　点击"提取音乐"按钮

图 14-33　导入视频音乐

步骤 05 调整定格素材的时长，使其对齐音频素材的时长，如图 14-34 所示。

步骤 06 在定格素材的起始位置，点击◇按钮，添加关键帧，如图 14-35 所示。

步骤 07 在视频 6s 左右的位置，调整定格素材的画面大小和位置，如图 14-36 所示。

图 14-34　调整素材的时长

图 14-35　添加关键帧

图 14-36　调整素材的大小和位置

步骤 08 点击"文字"按钮和"新建文本"按钮，如图 14-37 所示。

步骤 09 ❶输入文字内容；❷选择一款书法字体，如图 14-38 所示。

图 14-37　点击"新建文本"按钮

图 14-38　输入文字并设置字体

步骤 10 ❶切换至"动画"选项卡；❷选择"生长"入场动画；❸设置动画时长为 1.0s；
❹调整文字的大小和位置，如图 14-39 所示。

步骤 11 调整文字素材的时长，使其对齐视频的末尾位置，如图 14-40 所示。

步骤 12 在定格素材的起始位置，依次点击"特效"按钮和"画面特效"按钮，如
图 14-41 所示。

图 14-39　设置入场动画

图 14-40　调整文字素材时长

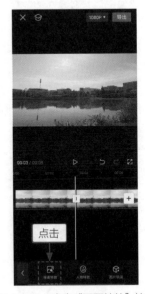

图 14-41　点击"画面特效"按钮

步骤 13 ❶切换至"纹理"选项卡；❷选择"老照片"特效，如图 14-42 所示。

步骤 14 再在"边框"选项卡中，添加"纸质边框 Ⅱ"特效，如图 14-43 所示。

步骤 15 调整两段特效的时长，使其对齐定格素材的时长，如图 14-44 所示。

图 14-42 选择"老照片"特效 图 14-43 添加"纸质边框 II"特效 图 14-44 调整特效的时长

128 镂空文字片尾

【效果展示】镂空文字片尾的效果非常壮观，因为文字的背景就是视频，镂空文字的字体一定要有棱角，才会产生独特的感觉，效果如图14-45所示。

案例效果 教学视频

图 14-45 效果展示

【操作步骤】下面介绍具体操作方法。

步骤 01 在剪映 App 中添加一段 5s 的黑场素材，依次点击"文字"按钮和"新建文本"按钮，如图 14-46 所示。

步骤 02 ❶输入文字内容；❷选择一款基础字体；❸放大文字，如图 14-47 所示。调整文字素材的时长，对齐视频时长，点击"导出"按钮，导出文字素材。

图 14-46　点击"新建文本"按钮

图 14-47　输入并设置文字

步骤 03 新建草稿，把文字素材和背景素材依次导入剪映 App 中，❶选择文字素材；❷点击"切画中画"按钮，把素材切换至画中画轨道中，如图 14-48 所示。

步骤 04 ❶选择文字素材；❷点击"复制"按钮，复制素材，如图 14-49 所示。

步骤 05 ❶把复制后的文字素材拖曳至第 2 条画中画轨道；❷点击"混合模式"按钮，如图 14-50 所示。

图 14-48　把素材切换至画中画轨道

图 14-49　复制素材

图 14-50　点击"混合模式"按钮

步骤 06 选择"正片叠底"选项，如图 14-51 所示。另一段文字素材也是设置同样的混合模式选项。

步骤 **07** ①选择文字素材；②在 3s 左右的位置，点击 按钮添加关键帧，如图 14-52 所示。另一段文字素材也是在同样的位置添加关键帧。

图 14-51 选择"正片叠底"选项

图 14-52 添加关键帧

步骤 **08** ①选择第 2 条画中画轨道中的素材，点击"蒙版"按钮；②选择"线性"蒙版，如图 14-53 所示。

步骤 **09** ①选择第 1 条画中画轨道中的素材；②选择"线性"蒙版；③点击"反转"按钮，翻转蒙版线的遮罩范围，如图 14-54 所示。

步骤 **10** 拖曳时间轴至视频起始位置，把两条画中画轨道中素材的蒙版线拖曳至画面的最下方和最上方，露出背景画面，如图 14-55 所示。

图 14-53 选择"线性"蒙版

图 14-54 选择并设置蒙版

图 14-55 调整蒙版线的位置

129 人员谢幕片尾

【效果展示】在影视作品快要结束时，通常会有表演人员及后期工作人员的滚动字幕名单，记录这些为作品做出贡献的台前幕后的工作者的名字，效果如图14-56所示。

案例效果

教学视频

图 14-56　效果展示

【操作步骤】下面介绍具体操作方法。

步骤 01 添加一段 15s 的黑场素材，点击"比例"按钮，如图 14-57 所示。

步骤 02 选择 9:16 选项，设置竖屏比例样式，如图 14-58 所示。

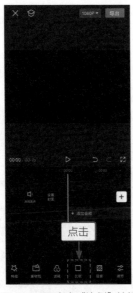

图 14-57　点击"比例"按钮

图 14-58　设置竖屏比例样式

步骤 03 ❶添加一段文字；❷设置字体；❸调整文字的画面大小和位置，如图 14-59 所示。

步骤 04 ❶添加第 2 段名单文字；❷设置字体；❸调整文字的画面大小和位置，如图 14-60 所示。

图 14-59　添加并设置文字

图 14-60　再次添加并设置文字

步骤 05 ❶切换至"样式"选项卡；❷在"排列"选项区中，设置"行间距"参数为 7，增加行距，如图 14-61 所示。

步骤 06 ❶调整两段文字素材的时长；❷点击"导出"按钮，导出文字素材，如图 14-62 所示。

图 14-61　设置"行间距"参数

图 14-62　导出文字素材

步骤 07 导入视频，点击"画中画"按钮和"新增画中画"按钮，如图 14-63 所示。

步骤 08 ❶添加导出的文字素材；❷点击"混合模式"按钮，如图 14-64 所示。

图 14-63　点击"新增画中画"按钮

图 14-64　点击"混合模式"按钮

步骤 09 选择"滤色"选项，把人员名单抠出来，如图 14-65 所示。

步骤 10 ❶在文字素材的起始位置添加关键帧；❷调整文字素材的画面大小和位置，使其处于画面中间最下方，如图 14-66 所示。

步骤 11 ❶拖曳时间轴至视频末尾位置；❷调整文字素材的画面位置，使其处于画面中间最上方，如图 14-67 所示。至此，完成人员谢幕片尾的制作。

图 14-65　选择"滤色"选项

图 14-66　调整文字素材

图 14-67　调整素材的位置